报废弹药绿色销毁技术

宋桂飞 李良春 张俊坤 编著

国防工业出版社

·北京·

内 容 简 介

针对报废弹药及其销毁处理特点，基于国内外报废弹药绿色销毁技术研究动态，从拆卸分解、倒空分离、可控烧炸毁、氧化安全、环保处理、资源化利用、机动应急销毁、安全防护等方面，提出了报废弹药绿色销毁技术图谱，阐述了国内外各类绿色销毁技术的基本原理、适用对象、工艺流程和处理效果，探索了绿色销毁处理技术在新型弹药销毁及弹药销毁技术升级中的应用可行性。

本书适合从事报废弹药销毁的专业技术人员了解报废弹药绿色销毁技术的发展趋势，深化报废弹药绿色销毁研究，也适合各级弹药保障业务机关作为参考书。

图书在版编目（CIP）数据

报废弹药绿色销毁技术/宋桂飞,李良春,张俊坤
编著．—北京：国防工业出版社,2020.6
ISBN 978-7-118-12094-3

Ⅰ.①报… Ⅱ.①宋… ②李… ③张… Ⅲ.①报废—弹药—武器销毁—无污染技术 Ⅳ.①TJ41

中国版本图书馆 CIP 数据核字（2020）第 086867 号

※

*国防工业出版社*出版发行
（北京市海淀区紫竹院南路 23 号　邮政编码 100048）
三河市德鑫印刷有限公司印刷
新华书店经售

*

开本 710×1000　1/16　印张 9¾　字数 168 千字
2020 年 6 月第 1 版第 1 次印刷　印数 1—1500 册　定价 66.00 元

（本书如有印装错误，我社负责调换）

国防书店：(010)88540777　　书店传真：(010)88540776
发行业务：(010)88540717　　发行传真：(010)88540762

前　言

报废弹药绿色销毁是世界各国共同关注的现实问题和技术难题。中国共产党第十九次全国代表大会将防范化解重大风险、污染防治作为"三大攻坚战"的重要战略主题,给报废弹药绿色销毁赋予了新的时代内涵和战略意义。做好报废弹药绿色销毁是建设"平安中国""美丽中国"的时代要求,是现代文明发展的必然趋势。

报废弹药与生俱来的固有危险属性,与销毁过程中人的不安全行为、物的不安全状态和环境的不安全条件随机耦合,致使报废弹药销毁的安全风险和环保风险因素叠加,迫切需要通过绿色销毁,消除安全隐患,保护生态环境,实现资源利用。长期以来,我国报废弹药销毁贯彻"安全第一、环保为要、高效处理、资源深度利用"的要求,在报废弹药绿色销毁技术研究与装备研发上进行了大量探索与实践,形成了许多行之有效的工艺路线和技术手段,为报废弹药绿色销毁技术进步和产业升级发展提供了"中国方案"。近年来,我国与国外报废弹药绿色销毁学术交流和技术合作日益增多,为我们积极借鉴吸收国外报废弹药绿色销毁最新研究成果提供了良好条件。

本书共8章。第1章拆卸分解技术,第2章倒空分离技术,第3章可控烧炸毁技术,第4章氧化安全技术,第5章环保处理技术,第6章资源化利用技术,第7章机动应急销毁技术,第8章安全防护技术。这8章内容从宏观上构成了报废弹药绿色销毁技术发展图谱。

本书及其支撑成果得到了各类相关科研项目支持资助。部分内容是编著者经过充分调研、收集整理的国内外报废弹药绿色销毁技术动态信息资料,部分内容是编著者所在团队近年来完成的弹药销毁科研成果,希望通过这种方式更系统、更完整地传播报废弹药绿色销毁技术发展成果。

本书由宋桂飞、李良春、张俊坤编著。部分报废弹药销毁专家在编著过程中给予了专业指导,他们与编著者都是一批热衷并致力于弹药销毁事业的薪传者。

本书得到了国内从事报废弹药销毁研究的各位同仁的大力支持与热情帮助。我们向引用列入本书参考文献的作者及机构表示崇高敬意和衷心感谢，向因工作疏漏或各种原因无法追溯，未被列入参考文献的作者及机构表示深情歉意和衷心感谢！

受作者学术视野和专业水平的制约，本书不可避免地存在不完善的地方，敬请各位读者批评指正。

作者

2019 年 10 月 28 日于石家庄

目 录

第1章 拆卸分解技术 … 1

- 1.1 飞秒激光切割技术 … 1
- 1.2 高压液态射流切割技术 … 8
- 1.3 低温脆裂技术 … 17
- 1.4 大扭矩弹丸旋分技术 … 19
- 1.5 小夹持空间元部件旋分技术 … 20
- 1.6 冲击载荷径向剪切技术 … 21
- 1.7 自动锯床切割法 … 26

第2章 倒空分离技术 … 28

- 2.1 低温循环技术 … 28
- 2.2 水力空化炸药倒空技术 … 29
- 2.3 熔化技术 … 36
- 2.4 CO_2鼓风/弹丸装药真空清除法 … 40
- 2.5 超声波倒空技术 … 41
- 2.6 CO_2临界(超临界)液体分离发射药技术 … 41
- 2.7 热水冲洗法 … 42
- 2.8 蒸汽倒药 … 44
- 2.9 高压水倒药技术 … 45
- 2.10 有机溶剂冲洗技术 … 46

第3章 可控烧炸毁技术 … 47

- 3.1 TNT熔化雾化烧毁技术 … 47
- 3.2 等离子体弧光销毁技术 … 50
- 3.3 封闭式可控烧毁技术 … 51
- 3.4 可控引爆技术 … 60

第4章 氧化安全技术 · · · · · · 63

4.1 碱解技术 · · · · · · 63
4.2 ActodemiloR 技术 · · · · · · 64
4.3 Fenton 降解法及组合 Fenton 法 · · · · · · 64
4.4 超临界水氧化技术 · · · · · · 66
4.5 熔盐氧化技术 · · · · · · 67
4.6 介导式电化氧化技术 · · · · · · 68
4.7 湿空气氧化技术 · · · · · · 69
4.8 直接化学氧化技术 · · · · · · 70
4.9 亚当斯硫氧化技术 · · · · · · 71
4.10 光催化氧化技术 · · · · · · 71
4.11 电化学法 · · · · · · 72
4.12 弹丸装药钻出法 · · · · · · 72

第5章 环保处理技术 · · · · · · 74

5.1 废气处理技术 · · · · · · 74
5.2 废水处理技术 · · · · · · 76
5.3 生物降解安全技术 · · · · · · 80
5.4 快速化学降解技术 · · · · · · 82

第6章 资源化利用技术 · · · · · · 83

6.1 利用含能材料燃烧爆炸性能 · · · · · · 83
6.2 利用含能材料转化制备工业原料 · · · · · · 87
6.3 弹体及药筒毁形再利用 · · · · · · 91

第7章 机动应急销毁技术 · · · · · · 97

7.1 俄罗斯销毁列车 · · · · · · 97
7.2 遥控操作技术 · · · · · · 97
7.3 激光销毁技术 · · · · · · 107
7.4 高热剂燃烧销毁技术 · · · · · · 117
7.5 未爆弹处理 · · · · · · 120

第8章 安全防护技术 …… 134

- 8.1 电磁防护 …… 134
- 8.2 易燃易爆粉尘控制 …… 135
- 8.3 防冲击波破坏 …… 135
- 8.4 防火与消防 …… 136
- 8.5 人员穿戴防护 …… 137
- 8.6 露天炸毁防护 …… 137
- 8.7 防爆罐防护 …… 138
- 8.8 填充式防护结构 …… 141

参考文献 …… 145

第1章 拆卸分解技术

报废弹药拆卸分解是指利用一定的技术手段解除弹药原有结构和功能的技术作业过程,其一般的组织形式是先按大件分解,再进行元件的分解。分解拆卸的最终目的是将含能材料或含有含能材料的弹药元件与惰性材料(如金属材料)或元件分离开,最大限度地回收了弹药中有用金属材料和炸药材料,回收的金属材料能够转化为各种民品物品,炸药可用于各种施工爆破,基本无废弃物丢弃,分解拆卸技术能够将报废弹药这个危险源转化为有益资源。一般地,拆卸分解技术包括切割分解、机械旋卸、断裂分解等。

1.1 飞秒激光切割技术

20世纪90年代初,随着宽带可调谐激光晶体和自锁模技术的出现,飞秒激光技术得到了突飞猛进的发展。飞秒激光是指产生、放大、压缩与测量持续时间为飞秒级的一种以脉冲形式运转的激光,飞秒激光如图1-1所示,它的第一个特点是持续时间非常短,只有几飞秒,1fs 就是 10^{-15}s,它比利用电子学方法所获得的最短脉冲还要短几千倍,是人类目前所能获得的最短脉冲;第二个特点是具有非常高的瞬时功率,可达到百万千瓦;第三个特点是它能聚焦到比头发的直径还要小的空间区域,使电磁场的强度比原子核对其周围电子的作用力还要高数倍。

高功率飞秒激光系统由振荡器、展宽器、放大器和压缩器四部分组成。在振荡器内,利用一种特殊技术获得飞秒激光脉冲。展宽器将这个飞秒种子脉冲按不同波长在时间上拉开。放大器使这一展宽的脉冲获得充分能量。压缩器把放大后的不同成分的光谱再会聚到一起,恢复到飞秒宽度,从而形成具有极高瞬时功率的飞秒激光脉冲。在高强度飞秒激光的作用下,气态、液态、固态的物质瞬间就变成了等离子体。

按激光脉冲标准来说,持续时间大于 10ps(1ps = 10^{-12}s,相当于热传导时间)的激光脉冲属于长脉冲,用它来加工材料,由于热效应使周围材料发生变化,从而影响加工精度。而脉冲宽度只有几千万亿分之一秒的飞秒激光脉冲则拥有独特的材料加工特性,如加工孔径的熔融区很小或者没有;可以实现多种材料,如金属、半导体、透明材料内部甚至生物组织等的微机械加工、雕刻;加工区域可以小于聚焦尺寸,突破衍射极限等。据报道,IBM 已将一种飞秒激光系统用于大规模集成电路芯片的光刻工艺中。

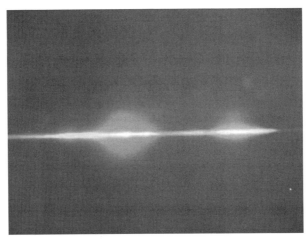

图 1-1　飞秒激光示意图

用飞秒激光进行切割,几乎没有热传递。飞秒激光对材料的切割实际上是一个材料的烧蚀过程,激光能量在飞秒时间内注入,导致材料照射区域温度迅速升高;聚焦区域的材料被加热到熔融温度或气化分解温度,材料吸收激光能量并转变成液体或气体,再通过反冲作用从作用区域排出,蒸汽则自己从聚焦点直接逸出,实现烧蚀切割。飞秒激光器主要存在以下四种类型。

(1) 以有机染料为介质的飞秒染料激光器。不同染料可输出不同波长的飞秒激光脉冲,它覆盖了从紫外到近红外波段,但最有效的还是集中在红光(620nm 附近)。获得飞秒染料激光器的主要技术手段是被动锁模,它不仅要求增益介质在运转波长具有较大的增益,而且要求作为可饱和吸收体的另一种染料在运转波长具有适当的吸收截面。两种染料的增益截面和吸收截面的适当配合才能使得脉冲前沿在经历可饱和吸收体时很快饱和,脉冲后沿又能具有明显的增益饱和效应,从而使得脉冲得到有效的压缩,而获得比染料弛豫时间(增益介质为纳秒量级,吸收介质为皮秒量级)短得多的飞秒锁模脉冲。两个相反方向传播的光脉冲在可饱和吸收染料中的碰撞锁模(CPM)是染料激光获得飞秒光脉冲的主要技术途径,飞秒染料激光原理图如图 1-2 所示,飞秒染料激光器如图 1-3 所示。

(2) 以掺钛蓝宝石、Li:SAF、掺镁橄榄石等固体材料为介质的飞秒固体激光

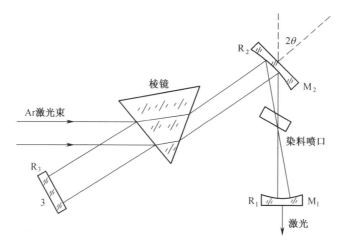

图1-2 飞秒染料激光原理图

图1-3 飞秒染料激光器

器。由于这种固体材料具有比染料更宽的调谐范围(如:钛宝石的调谐范围为0.67~1.06mm),更大的饱和增益通量($1J/cm^2$)和更长的激光上能级寿命(微秒量级),使其在飞秒激光运转的许多特性都优于染料激光器,加之固体材料具有更稳定的光学性质和更紧凑的结构,使得飞秒固体激光器在短时间里发展成为飞秒激光技术的主体,掺钛蓝宝石的飞秒激光原理图如图1-4所示,掺钛蓝宝石的飞秒激光器如图1-5所示。飞秒固体激光器最大的突破是实现了极其稳定的自锁模运转。

(3) 以多量子阱(MQW)材料为代表的飞秒半导体激光器。超短脉冲半导

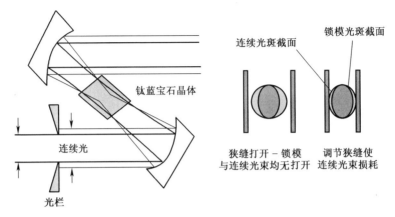

图1-4 掺钛蓝宝石的飞秒激光原理图

图1-5 掺钛蓝宝石的飞秒激光器

体激光器的研究已经有20年的历史,但始终没有跨跃皮秒这一障碍,直到最近,多量子阱材料被引入超短脉冲半导体激光器,这一难题才被解决,使超短脉冲半导体激光器大步前进,成为飞秒激光这一大家庭的重要成员。这主要是由于多量子阱半导体具有高增益、低色散、宽谱带、强的非线性增益饱和及非常快的恢复时间等优点。这些优点使得多量子阱材料作为飞秒半导体激光器的增益介质和可饱和吸收介质都非常合适。利用多量子阱材料在不同泵浦时所具有不同的增益和吸收特性,可以用整块多量子阱材料,对某部分进行强泵浦,实现粒子数反转,成为增益介质,而对另一部分加偏置,使其成为可饱和吸收介质,从而成为整块飞秒半导体激光器,多量子阱飞秒激光器如图 1-6 所示。

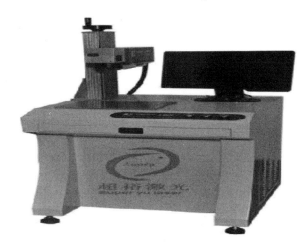

图 1-6　多量子阱飞秒激光器

(4) 以掺杂稀土元素的 SiO_2 为增益介质的飞秒光纤激光器。飞秒光纤激光器是最近问世并迅速发展起来的一种超短脉冲激光器,其主要特点是结构紧凑、小巧、高效率、低损耗、负色散和全光学,其波长适于光通信,特别适用于孤子传输的研究。飞秒光纤激光器的主要工作原理是利用光纤所具有的独特性质实现孤子过程:光纤的非线性使得在光纤蕊($4\mu m$ 左右)中传输的光脉冲产生很强的自相位调制效应(SPM),另一方面,由于光纤在这一波长($\lambda>1.3\mu m$)又具有负色散性质,因此,光脉冲从自相位调制效应中获得的具有正啁啾性质的新的光谱成分在传输过程中又被光纤的这一负色散所补偿,使脉冲宽度不断得到压缩,最后进入这一孤子过程所确定的脉冲宽度。利用掺铒的单模光纤,在波长 $1.53\mu m$ 处产生 30fs 的光脉冲,飞秒光纤激光器如图 1-7 所示。

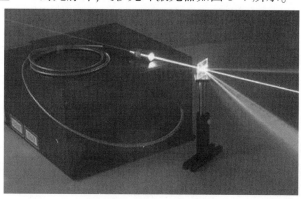

图 1-7　飞秒光纤激光器

弹药中的炸药、发射药以及火工品中的烟火药等含能材料,对热十分敏感,在废旧弹药的分解拆卸过程中,要避免在高温条件下操作,防止含能材料的热分解引起燃烧与爆炸事故的发生。而飞秒激光是具有极高峰值强度和极短持续时间的光脉冲,当与物质相互作用时,能够以极快的速度将其全部能量注入到很小的作用区域,瞬间内的高能量密度沉积将使电子的吸收和运动方式发生变化,避免了激光线性吸收、能量转移和扩散等的影响,从而在根本上改变了激光与物质相互作用的机制,使飞秒激光切割成为具有高精度、超高空间分辨率和超高广泛性的非热熔"冷处理"过程。

以掺钛蓝宝石为介质的飞秒激光器,输出光脉冲的持续时间最短可至5fs,激光中心波长位于近红外波段,特别是借助于啁啾脉冲放大技术,单个脉冲能量从几纳焦耳就可放大至几百毫焦耳,甚至焦耳量级。此时脉冲的峰值功率可达吉瓦(10^9W)或太瓦(10^{12}W),再经过聚焦后的功率密度达到$10^{15} \sim 10^{18}$W,甚至更高。美国Lawrence Livermore国家实验室的研究人员采用这种激光束能安全地切割高爆炸药。该实验室的Franklin Roeske Jr. 说:"飞秒激光有希望作为一种冷处理工具,用于拆除退役的火箭、火炮炮弹及其他武器。"美国Lawrence Livermore国家实验室的Perry Michael D. 等对飞秒激光加工炸药等含能材料进行了研究,表1-1给出了他们在研究中所切割的炸药、发射药和起爆药的着火温度。

表1-1　几种炸药、发射药和起爆药的着火温度

名称	着火温度/℃	名称	着火温度/℃
四氮烯	160	斯蒂芬酸铅	250
叠氮化铅	350	NC	187
NG	188	TATB	359
RDX	213	PETN	205
特屈儿	180	TNT	240

1. 飞秒激光切割炸药

美国Lawrence Livermore国家实验室的研究人员利用脉冲长度为5~50ps的激光对不同的炸药进行了精确与快速的切割、打孔以及成型,在加工过程中,炸药的加工区域基本没有出现热量的热传递过程和振动现象。材料通过非热力学方法被加工,其加工机理是多光子和碰撞引起的离子化相结合,在很短的时间内产生临界密度的等离子,这个时间小于电子动能向被处理材料晶格转移的时间,被处理材料直接从固态变成等离子态,产生的等离子在这样短的时间内不会与被处理材料达到热平衡,即热量来不及传递到材料中,因此向被加工区域外材料中的热传导可以忽略。借助于等离子的流体膨胀就可以对炸药等含能材料进行

高精度的加工,并且在加工过程中不会出现燃烧、爆炸和爆轰现象。

美国 Lawrence Livermore 国家实验室的 Franklin Roeske Jr. 等利用飞秒激光对炸药进行切割试验研究,目的是为切割废旧弹药进行准备工作。在试验中所用激光的脉冲为100fs、波长为近红外波段820nm、周期为1kHz,研究开始首先利用激光对金属材料进行切割,在切割过程中基本上没有热量向被切割金属的传递过程,也基本上不产生任何废料。完成了对金属的切割试验后,对 LX-16 炸药(96%的 PETN 和 4%的 FPC-461 胶黏剂)药柱进行切割试验,选择该炸药的原因是 PETN 最敏感的二次炸药之一。对 LX-16 炸药的切割试验分成了三步:一是对 LX-16 炸药进行单独切割;二是将 LX-16 炸药放置在金属材料上,对它们进行切割;三是将金属材料放置在 LX-16 炸药上,对它们进行切割,在切割过程中,没有观测到有任何化学反应发生。

在完成了对 LX-16 炸药的切割试验后,又分别对 LX-14 炸药(95.5%HMX 和 4.5%聚氨基甲乙酯胶黏剂)、LX-15 炸药(95.5%HNS 和 5%Kel-F 胶黏剂)、LX-17 炸药(92.5%TATB 和 7.5%Kel-F 胶黏剂)、PBX-9407(94%RDX 和 6%Exon461 胶黏剂)以及 TNT 等炸药进行切割试验,在整个切割过程中,均未发生化学反应。

图 1-8 和图 1-9 分别给出了飞秒激光和长脉冲激光(0.5ns)对 LX-15 和 LX-16 两种炸药的切割结果,从图中可以看出,利用飞秒激光对炸药进行切割,断面处没有炸药熔化和反应的痕迹,而用长脉冲激光对 LX-16 炸药的切割,断面处明显地出现了炸药熔化的现象,从颜色上可以确定在切割过程中发生了化学反应。

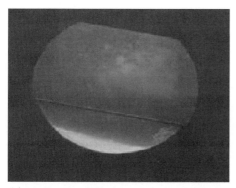 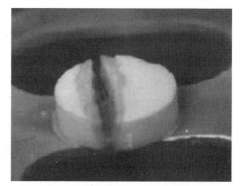

图 1-8　飞秒激光对 LX-15 炸药的切割　　图 1-9　长脉冲激光对 LX-16 炸药的切割

2. 利用飞秒激光切割发射药

E. Roos 等对飞秒激光切割发射药进行了研究,飞秒激光脉冲时间为 150fs、波长为810nm、频率为3.5kHz,平均功率为3.5W。切割的发射药如表1-2所列。首先对PS-1发射药进行了切割处理,在切割过程中,没有出现火花以及明显的放热过程,因而发射药没有被点燃;在完成了切割实验后,又对PS-1发射药进行了激光打孔实验,发射药也没有出现燃烧现象;然后又用3层铝箔将PS-1发射药柱包裹起来进行激光切割,发射药没有燃烧,而在通常情况下,热的金属颗粒很容易将发射药点燃。在完成了PS-1发射药的实验后,对HPC-45发射药进行了激光切割处理,结果和前面相同,在不同切割条件下,发射药都没有发生燃烧。

表1-2 发射药及其组分

代号	名称	组分	用途
PS-1	复合推进剂	高氯酸铵和铝	火箭推进剂
HPC-45	双基发射药	硝化棉和硝化甘油	炮用发射药

3. 利用飞秒激光切割雷管

在爆炸序列中,雷管通常作为点火部分的次级部分,通常由点火部分、主装药和第二装药以及管壳材料组成,电雷管的点火部分由电热丝和点火药组成,常用雷管中的装药如表1-3所列。

表1-3 常用雷管装药

序号	1	2	3
组分	PETN	叠氮化铅	斯蒂芬酸铅
用途	第二装药	第一装药	第一装药

E. Roos等对雷管的激光切割实验首先在一个半球形的雷管上进行,主要由电热丝、点火药和炸药(PETN)组成。在实验过程中,分别从轴向的5个位置对雷管进行了切割,切片的厚度从0.75mm到4.0mm不等,从切片的外观来看,经飞秒激光处理后,炸药的性质没有改变。在对含有叠氮化铅和斯蒂芬酸铅起爆药雷管的飞秒激光切割实验中,先将两种药剂分别封装在不锈钢壳内,其中一端开口。当不锈钢管壳的厚度小于1mm时,叠氮化铅和斯蒂芬酸铅都能顺利切割;但当不锈钢管壳的厚度大于1mm时,两种药剂在切割过程中都发生了爆炸,这说明可能是在激光切割过程中产生的热金属颗粒使得药剂发生了爆炸。

1.2 高压液态射流切割技术

高压射流切割技术作为近30年发展起来的一项新兴的切割销毁技术,通过将高压水或其他介质转换成高速喷射的高能射流,对含能材料产生极强的冷态冲蚀作用。因其具有清洁、无热效应、能量集中、易于控制、效率高、成本低,而且操作安全方便等优点,所以高压液态射流切割技术十分适合用于切割、粉碎各种压敏、热敏材料和内装含能材料的弹药等,成为当今和未来采用的重要销毁技术。

1. 液体射流技术

液体射流技术利用受压液体切断或熔化材料,主要有两个功能:一是切断或分割弹药实施拆分,大压力的射流可用于分割装在弹壳内的弹药,小压力的射流可用于缩小已脱壳含能材料的尺寸,便于销毁;二是熔化或冲刷壳体内的含能材料,实施去除。弹药销毁应用中可选的液体包括水、液态氮或氨水,其液体射流的分类如下:

(1) 纯液体射流使用高压液体(最大可达 410MPa),迫使其通过一个喷孔。液体射流的质点速度通常较高,最高达 1000m/s,能够直接切断许多屈服强度低的材料,无需附加研磨剂。

(2) 研磨液体射流,又名磨料液体射流,利用流体快速通过孔径,在负压作用下,固体磨料颗粒被吸入,与高速度液体在管内混合,形成混合射流喷出。根据研磨及其他参数的不同,研磨液体射流可以切断不同材料。通常情况下,液体使用水,这时称为研磨水射流或磨料水射流(AWJ)。

(3) 研磨浆状射流,又名直接注射研磨射流(direct injection abrasive jets,DI-AJET),利用混合液体和磨粉浆受压,迫使浆状混合液体通过喷管。尽管在相同的压力下,磨粉浆射流比研磨液体射流可能更加有效,但是当前磨粉浆射流生产设备压力水平仅为研磨液体射流生产设备压力水平的 20%,因此有效性也随之降低。二者的区别在于研磨液体射流的研磨剂在喷嘴处混合,而研磨浆状射流在远离喷嘴处混合。

2005 年 5 月披露的美国专利中,提到了一种可将炸药和药型罩从弹药中安全分离的去除装置与方法。去除装置包括一个与弹体相连的支撑装置,可在炸药与弹体的圆顶顶端分离时起到稳定弹药的作用;一个紧挨着壳体圆顶的供液口,通过圆顶顶端将高压液体喷到炸药上,从弹药圆顶顶端分离炸药。这种方法主要是将供液口插入弹体的圆顶顶端,并将液体通过供液口引到炸药处,以达到从弹药圆顶顶端去除炸药、剪切药型罩和壳体之间机械连接的目的。

2. 水及浆状射流

高压水射流切割技术是运用液体增压原理,以水作为携带能量的载体,通过特定的装置(增压口或高压泵),将动力源(电动机)的机械能转换成压力能,将水压升到 300~1000MPa,具有巨大压力能的水在通过直径为 0.1~0.6mm 的小孔喷嘴后,再以2~3倍声速喷出,将压力能转变成动能,从而形成高速射流,对各类材料进行切断加工的一种方法。其工作原理如图1-10所示。

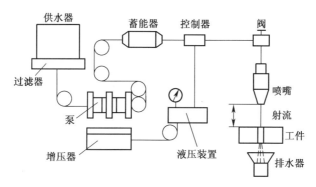

图1-10　高压水切割原理图

水射流切割加工技术的显著特点是它是一种冷态加工技术,与氧切割、激光切割、等离子切割、线切割及其他传统切割加工方法相比,具有切割加工过程不产生热量和有害物质的特点,不会对金属材料的晶间组织结构产生破坏,不影响被切割材料的物理及机械性能。高压水切割还具有以下优点:

(1) 改善了工作环境。高压水切割用于切割时,加工切屑量少,只是传统加工工艺的15%~20%,且由于高压射流形成的真空,产生一个向下吸力,使切屑同水流一并流走,从而避免了切屑与尘埃飞扬的情况,在加工过程中,噪声小(低于80dB),切割时不会产生粉尘和有毒气体,不会对周围环境造成影响,是一种绿色加工方法。

(2) 工艺性能好。它的切缝狭窄,只有0.1~0.8mm,原材料损耗率低,切口整齐光滑,无毛刺,切割加工质量高,切口平整且小,高压水切割是冷加工,加工部件不产生热变形、热应力,强度也不发生变化。当高压水切割系统与光电仿形装置、数控系统配合在一起时,能作特形切割。高压水切割速度快,一次可切割数层至几十层,由于它可产生内切口,内切缝与外切缝能产生小于1.58~3.18mm的圆弧角,因此对内切缝不需要另钻起刃孔,省去了准备工序。

(3) 成本低。高压水切割是无刃切割,不会出现卡刀现象,更不需要磨刀和换刀,并且射流中投入的磨料和废水可以回收,处理后重复使用。

(4) 易于实现自动化、加工效率高、操作简单方便。

高压水射流切割技术是近几十年来兴起的一项新技术,它利用通过增压设备和特定形状的喷嘴形成的高速水射流束完成清洗、切割、破碎等作业,广泛应用于机械、建筑、轻工、采矿、石油、冶金、化工、核能、航天、航空、汽车、船舶以及市政工程等领域。

高压水射流按连续性可分为连续水射流和脉冲水射流。连续射流施加给物料一个连续稳定的压力作用；而脉冲射流是将水射流束以脉冲的形式作用于物料上，每个脉冲产生持续极短的压力峰值，并随时间的推移不断地产生压力作用。脉冲射流的产生形式主要有阻断式、激励式和挤压冲击式三种。

高压水射流按成分可分为纯水射流、磨料水射流和添加剂水射流。纯水射流只用水作为工作介质，切割力较小，只能切割纸张、橡胶、塑料等软材料；磨料水射流是向水中加入固体磨料颗粒，射流束切割能力极大提高，常用磨料有石榴石、石英砂和氧化铝等；添加剂水射流主要是向水中加入少量高分子长链聚合物，如聚乙烯酰胺，用以提高射流密集度及射程，可以用于切割软的或稍硬的材料。

高压水射流按运动特征可分为空化射流和摆振水射流。空化射流利用气蚀时空气泡溃灭产生极大冲击力加强射流清洗和破碎能力。摆振水射流是在喷嘴相对靶体横向摆动的同时增加一个振动运动，提高水射流相对于被切割物的横移速度，当振动方向与摆动方向一致时称为平行摆振射流，垂直时称为垂直摆振射流。高压水射流分类如图 1-11 所示。

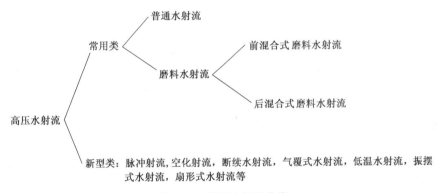

图 1-11 高压水射流分类

磨料水射流切割技术以其冷态、加工时对环境无污染的特点日益受到爆炸物处理组织和非军事化企业的喜爱。根据炸药起爆的"热点说"理论分析，只有在炸药中形成热点，持续一定时间（10^{-7}s 以上），达到一定尺寸（半径 $10^{-5} \sim 10^{-3}$cm）和温度（300~600℃）时，炸药才会发生爆炸。磨料水射流冲击炸药主要通过磨料颗粒的冲击动压进行作用，是一种冲蚀破碎而非绝热压缩。虽然在切割过程中，切缝中随时出现磨料颗粒与金属摩擦产生的微弱火花，但由于火花被冷态的高速水束包围，热量被随之迅速带走，同时水射流束充当润滑剂减轻了磨料颗粒与炸药之间的摩擦，从而抑制了热点的产生和成长，降低了炸药的冲击感度。

高压水射流用于销毁作业最早可追溯到1924年,当时美国专利披露了一种用于冲刷高能炸药的系统。1954年,美国陆军红石兵工厂提高了水射流压力,将其运用于战术导弹。20世纪70年,美国海军进一步提高了水射流的压力水平。1968年,水射流首次由加拿大弗朗茨·裴迪南用于切断作业,并由英格索兰公司将其用于商业用途,1982年,福楼国际公司通过添加研磨剂的方法提高了水射流的切断能力。然而,直到20世纪90年代有关研磨剂用于拆分弹药的研究才公布于众。

河北锐迅水射流技术开发有限公司开发研制的RX-259QK-C型和QSM-5-15-B-H型便携式水切割系统,RX-259QK-C型便携式水切割系统采用汽油机作为动力源,满足野外作业需求,实战性强。切割过程中无明火、无热量、切割压力低,消除了高压对敏感性炸药诱爆的危险。设备体积小、重量轻,利用软管进行连接,无工作环境限制,提高了设备的便携性及处理能力,可应用于野外航弹销毁、可疑危险物销毁、易燃易爆品切割等,如图1-12所示。

图1-12　RX-259QK-C型便携式水切割系统

QSM-5-15-B-H型便携式水切割系统利用CT4型防爆电机为驱动动力,采用防爆控制箱作为动力开启装置,消除了设备在开启与关闭时产生火花而造成的致爆危险。设备采用不同防爆等级电机驱动,符合化工企业各级防爆标准具体要求,可应用于化工设备残值拆除、分解、处置;化工危险物品处置、厂房拆除、各种化工罐体的开孔切割,如图1-13所示。

RX-259QK-C型便携式水切割系统规格如表1-4所列,QSM-5-15-B-H型便携式水切割系统规格如表1-5所列。

图1-13 QSM-5-15-B-H型便携式水切割系统

表1-4 RX-259QK-C型便携式水切割系统规格

项目		参数值
额定压力/MPa		27
工作压力/MPa		25
枪嘴直径/mm		0.8
切割速度(10mm厚钢板)/(mm/min)		30
外形尺寸(长×宽×高)/(mm×mm×mm)		720×640×720
设备质量/kg		110
高压水泵	电动机型号	CH440
	功率/kW	9
	电压/V	DC12
	电流/A	40
	过滤器容积/L	8.4
	水泵流量/(L/min)	10~15

表1-5 QSM-5-15-B-H型便携式水切割系统规格

项目	参数值
额定压力/MPa	50
工作压力/MPa	45
枪嘴直径/mm	0.8
切割速度(10mm厚钢板)/(mm/min)	60
噪声声压级/dB(A)	90
外形尺寸(长×宽×高)/(mm×mm×mm)	1250×600×840
设备质量/kg	350

(续)

项目		参数值
高压水泵	电动机型号	YB2-160L-4(EXd II CT4)
	功率/kW	15
	电压/V	380
	电流/A	30.1
	过滤器容积/L	8.4
	水泵流量/(L/min)	10~15

高压水射流切割以其技术要求低,销毁程序简单,其对弹药的切割试验如图 1-14 所示。

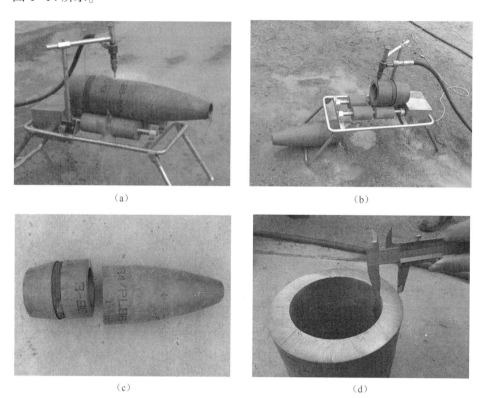

图 1-14 高压水射流切割试验图

但也有研究表明:当作用于高能炸药时,水射流(有/无研磨剂均可)在 350MPa 压力下具有相对安全的撞击感度,并指出了其他危险因素,包括以下几种。

(1)撞击——来自射流,类似于聚能装药射流的撞击。

（2）静电放电——来自水分子的快速运动。

（3）机械火化——来自金属壳体上的研磨剂材料（尤其是金刚砂）。

（4）后处理反应——这主要来自液体与炸药、液体与炸药中金属杂质发生的反应，研磨剂促使炸药爆炸或污染物（如油漆或铁锈）与炸药发生反应。

（5）工业危险——来自危险机器（尤其是高压水射流）的操作。

大量弹药（估计大于100万枚）使用研磨水射流切断未发生事故的事实证明，TNT炸药的撞击点火概率小于1×10^{-6}，比太安的撞击点火概率低，而且机械火花并不危险，其他危险因素也可通过仔细的设计和合理的工程实践得以解决。

所有水或浆状射流应用于销毁作业时均有以下诸多不足。

（1）产生废物——尽管水射流受高压作用流动缓慢，但是水射流技术仍会产生大量污水。这些污水需收集并处理，从而产生相当大的费用。

（2）乳状液——水乳胶掺有许多炸药，如含有TNT的"粉红色水"既有毒又难以处理。

（3）炸药危险物——尽管大量的水会降低TNT的感度，但是废水中仍含有黑索今（RDX）和奥克托今（HMX），仍有被引爆的危险。

（4）烟火危险物——尤其是在水中的含铝炸药。

当前，报废弹药处理过程中的污染问题越来越受到关注，原来具有的军火处理环保豁免权也逐渐丧失，许多国家的环保法规限制和不允许存在有污染的报废弹药处理活动。高压水射流切割技术在这一领域潜力巨大。

高压水射流切割用于弹药有着十分广阔的应用前景。我国的高压水射流切割技术虽然有了很大的发展，但与世界先进水平相比，仍有较大差距。未来高压水射流切割弹药主要发展方向有以下几个方面。

（1）提高功率。我国的高压水射流机组功率多在55~130kW之间，压力在100MPa以内。一些欧美同类产品机组功率多在100~300kW，压力为100~200MPa，典型参数可达功率500kW，压力为150~200MPa。大功率多为柴油机组，除了机动、方便、易于调节外，分动力驱动液压系统可以作为周边设备的动力源。

（2）提高可靠性。我国的增压器功率小（<15kW），以变压器油作为工质，而水切割要求大功率（>30kW），以清水作工质，且连续运行，对增压器的要求极高。要保证系统的可靠性，必须确保超高压往复精密封和进出水阀组运行可靠，同时应满足所有承压件材料的选用、检测和工艺的高要求。

（3）提高喷嘴寿命。水射流切割喷嘴的研究一直是个热点，水喷嘴多采用蓝宝石，而寿命问题突出反映在磨料喷嘴上。我国材料很难过关，寿命往往很低。加之小规模试制，更难以保证两个喷嘴的形状和尺寸。

（4）提高智能化水平。水射流切割弹药具有一定的危险性，但国外的水射流切割技术转向智能化水平,依赖相关专业的协作,如数控切割平台CNC程序设计、三维仿形切割、六轴机器人,利用这些技术保证了水切割机的可靠运行。应尽量提高水射流切割的智能化技术水平以确保切割弹药的安全可靠。

3. 候选的液体射流

(1) 液态氮。与水相比,氮为惰性、无毒物质,且易挥发,不会产生废物。试验测试了液态氮的切断与烧蚀性能:液态氮射流可在100MPa压力以下用于烧蚀炸药,以达到去除炸药的目的;在100~400MPa压力之间可用于切割,最大能切断381mm的高能代替品。该技术尤其适于回收含能材料,并已应用于火箭发动机的冲刷作业中。该技术有时称为"低温冲刷",为通用原子公司采用。

(2) 无水氨。无水氨可作为多数炸药的溶剂和钝感剂,因此能被用于冲刷和切除作业。这样解决了水射流产生废物这一重要缺陷。尽管氨有毒,但已在工业中得到广泛应用,而且与获取低温液态氮的严格要求相比,液态氨可在普通不锈钢容器中获得,更加容易。

(3) 二氧化碳。二氧化碳射流作用方式稍有不同,即爆轰效应。有报告指出,利用由离心分离机加速至427m/s的球形二氧化碳微粒,从弹药中爆轰出剩余的炸药,采用等高线钻孔技术实施销毁作业。目前,系统样机已在乌克兰陆军弹药库安装,预计生产能力为每小时6~10枚弹药。

为特种用途考虑其他液体。目前正在研究大量的有机液体,以降低高氯酸铵的可溶性,并提高切断性能。研究发现,丙二醇和二丙二醇较有前途。

4. 液态射流的应用

高压水射流实施冲刷作业的应用目前已较为广泛,包括混合推进剂火箭发动机、内装高能炸药的小型弹药等。

莱茵金属公司Waffe弹药分公司使用高压冲刷系统销毁了德国在统一时22万t过剩弹药的一部分。公司采用20MPa压力作用下的旋转喷嘴,未添加任何研磨剂,给进水射流混有添加剂,以提高性能。该公司运用该技术成功地处理了多种弹药和炸药,尽管它们的拆分步骤各不相同。

2003年,美国海军水面战中心使用研磨水射流实施了一次切断作业,需处理1300多个与弹药危险相关的产品,经各种试验证实大部分为不敏感弹药,有545个无法确定是否为不敏感弹药。这些弹药中最大的是Mk84炸弹,采用Gradient技术公司提供的研磨水射流系统。该系统安装在一个高约6.1mm的ISO容器内,安装有HESCO屏障,可遥控操作,其操作压力为380MPa,切断深度为63mm,每分钟用水7.6L。弹药一旦切割开,便接受检测:不敏感弹药和未污染的水射流采用常规方法处理,所有可疑弹药或污水都将采用现场安装的多诺万燃烧室处理,用时7个星期。

在海军水面战中心克兰陆军弹药库,安装有一套海军炮弹销毁系统,可处理 76~203mm 口径,装有弹底引信和 D 炸药的炮弹。该系统采取连续作业方式:在距离销毁区较远处实施手工装填,其余作业均为全自动作业。研磨水射流可用于切断最厚 38mm 的钢,以去除弹底引信,随后,水射流可用于冲刷去除炸药。由于包含大气和水废物,因此包含炸药材料的水废物可通过化学转化进行循环再利用。该系统可在 5h 内销毁 900 枚 76mm 炮弹。

美国通用原子(General Atomics,GA)公司和美国岩石机械和炸药研究中心(RME-RC),分别对高压液氮和高压水切割固体发动机推进剂进行了研究,积累了不少经验,并取得了很多研究成果。由于固体发动机推荐剂一般尺寸较大,且具有毒性和爆炸特性,处理时易产生有毒、有害甚至是致癌物质,爆炸有时还会引发技术安全事故,因此在进行安全销毁前需进行必要的预处理,目前普遍采用的是高压液体切割技术,如高压液氮切割技术和高压水切割技术,高压液体切割可以将含能材料切成豌豆大小。为使含能材料脱敏,降低其后续处理的危险性,还常采用碱解和乳化等方法进行预处理。高压液氮切割下来的含能材料颗粒干燥、细小,很适合后续处理,切割后不会产生废液,避免了二次废料流处理,但设备研制难度较大,且费用较高。与高压液氮切割工艺相似,高压水切割法是以水为切割介质切割含能材料,是一种更为普遍使用的处理方法,不足之处是切割完成后水将作为被污染的物质需要进行二次净化处理,使工艺复杂化,同时会增加一定的处理费用。

1.3　低温脆裂技术

低温脆裂技术是将待销毁的弹药放入液氮池中冷却脆化,冷却后的弹药放到压力机下重压断裂破碎,一旦断裂,弹药在进一步处理(如焚烧)时就很安全了,其基本原理是低温使得炸药的感度降低,破碎时不会引起燃烧和爆炸。该技术由美国通用原子公司研发,目前在欧洲和美国已广泛应用,主要用于销毁小型至中型内装高能炸药的弹药,如手榴弹、地雷和子弹药。这些弹药较难拆分,并且如采用传统机械方法(如钻孔或冲压)后进行焚烧,会有引爆危险。

据报道,美国和欧洲国家从 20 世纪 90 年代已经开始研究采用超低温冷脆(cryofracture)手段处理废旧炸药、推进剂、弹药和火工品等。美国开展研究最早,研究成果也最为丰富。最初发展低温脆裂技术是为了化学武器的非军事化处理,后来逐渐应用到报废弹药的处理领域。

美国学者 John R. Hawk 等经过试验研究表明,0.45kg 的 C4 炸药和 TNT 在

−100℃时的爆炸威力比30℃时均降低9.5%。同时预测认为C4炸药和TNT在液氮中爆炸威力比正常温度还会有大幅度的下降,这为低温情况下进行爆炸物处理提供了可能。

1995年,美国圣地亚国家实验室(Sandia National Laboratory)在高级武器技术理解备忘录的赞助下,开展了对库存报废弹药(含化学武器)的低温处理技术研究,并在低温脆裂的分析模型和数学模型方面取得了一定进步,这些模型主要用于描述和优化含能材料循环和再利用的循环低温处理技术。利用这些研究成果,该实验室首先开发了利用液氮(沸点为−196℃)将推进剂冷冻脆裂成碎块状的低温脆裂方法。通过筛子对这些推进剂碎块进行处理而使其尺寸减小至0.75英寸以下,然后装进15.876kg(35磅)的包装袋中用于商业上的回收利用。在对推进剂低温处理取得成果的基础上,又对Rockeye II MK118反坦克炸弹、杀伤性地雷、M483A1型弹丸等进行低温脆裂处理。该实验室通过研究发现低温处理方法具有以下优点:低温处理工质采用的是液氮,具有难以发生化学反应、便宜、安全的特点;不会引起推进剂感度升高;不会改变推进剂的成分;不需要摘除与推进剂接触的部件,处理过程的安全性高;低温脆裂过程不产生废水;推进剂固有的能量可以回收并制作成高价值的产品。

美国通用原子公司开发了一种能够对杀伤性地雷或其他小型爆炸装置进行非军事化处理的安全、高效、环保的固定式超低温处理系统,并针对实际需求开发了一套车载移动式的低温脆裂系统。该移动式处理系统已提供给霍桑西部弹药库(Hawthorne Western Ammunition Depot,HWAD)公司使用,利用该套低温处理设备对大量杀伤性地雷进行了处理,处理效果良好。该系统将待处理常规弹药和炸弹通过人工方式或自动化设备加载到传送系统上,并将其放入装有约−196℃的液氮低温浴池中。如此低温环境中,弹丸金属部分会变得容易碎裂。在冷却了足够长的时间后,机械手将冻得生硬的弹丸从液氮槽中取出放到传送装置中,通过机械手送至液压机上将弹药破碎,从而使内装的炸药或化学药剂完全暴露出来。由于弹丸处于极低的温度下,其中的炸药性能极其稳定,化学药剂也不会挥发,不会对环境造成危害。随后将压裂的金属碎片、炸药和化学药剂碎片一同倒进双斜坡装置,进入下一个传送系统的加料斗内。传送系统将料斗送入特殊曲颈瓶(retort)并倒出含能材料进入APE−2210RKS设备的第一层中进行焚烧,然后料斗返回到传送系统,进而对弹丸的含能材料进行安全处理,对金属组成部分进行回收。低温脆裂系统配套的工房和区域包括控制室、电源配送、压缩空气、液氮供给和维护设备等。该低温脆裂系统的弹药输送装置和处理装置的设计,使其能够处理多种尺寸的含能军火。

在未爆弹处理的应用上,美军采用直升机喷洒器或地面车辆将甲醇喷洒在未爆弹的散布区域,使未爆弹中的雷管处于超冷状态。之后,用装甲防护推土机来收集失效未爆弹,并使用一套转运机具,使未爆弹浸入冷冻液中在保持冷冻的状态下将未爆弹清理出散布区,以便后期转运和处理。

由政府机构技术公司与美军合作完成的"机械处理发展项目——化学毒剂/弹药处理计划",为报废化学弹药开发和论证新的处理方法建造了一个试验性的设备。该设备可以处理直径为203mm、155mm、105mm的炮弹弹丸及其药筒等。其工作原理是利用微型计算机控制温度,使弹药在低温条件下发生脆裂、断裂,最终使弹药丧失其原有功能。其处理的基本过程包括三个阶段:第一是拆包阶段,在分类区对弹药拆垛,将单发弹丸放在支架上;第二是低温处理阶段,弹药支架放在液氮浴中,直到弹丸的金属部分(一般为低碳钢)脆裂,浸放一定时间后,支架从里面移出,送到另一个密封仓;最后是低温脆裂阶段,脆裂的弹丸放在一个液压断裂机上,每发弹在控制条件下被断裂,断片和里面的装药放入高温炉中焚烧销毁。这种方法与其他方法相比,可减少处理费用。

低温脆裂技术在欧洲广泛应用于小型弹药及其部件的非军事化处理,如设在法国和乌克兰等国的低温脆裂工厂。工厂内的低温处理设备使炸药的感度大大降低,从而使弹药可以安全地被压碎,随后进行焚烧。目前,已经采用这种方法处理了几万发子母弹中的子弹,处理过程安全高效。

1.4 大扭矩弹丸旋分技术

底排弹拆卸分解是大扭矩弹丸旋分技术的典型代表。为了保证螺纹连接处的密封,装配前在底排壳体螺纹表面还涂有胶黏剂,该胶黏剂凝固后具有一定的粘接强度,加之底排连接螺纹直径较大、扣数较多,特别是考虑到经部队长期储存后可能发生黏连等情况,旋卸时所需力矩大,大约在1800~2000N·m之间,难以用手工完成旋卸。为保证在大扭矩作用下顺利旋下底螺,底排旋卸机的主动力系统需要采用大功率设备,动力系统可采用液压、气压或纯机械等形式。相对于其他两种形式,液压机构具有良好的动力和平稳性。通过更换工具头和卡具,可实现在一台机器上完成对上述五种不同口径底排增程弹的底排旋卸任务。

为顺利旋卸底排,在旋卸过程中必须保持一定的夹紧力,避免滑脱,夹具(工具头)与底排之间、夹(卡)具与弹体之间不能为点接触或线接触,而应以面接触类型为好,但这样会造成卸不同口径底排增程弹的夹(卡)具之间不能相互通用。同时,为避免在旋卸的过程中夹具对弹体表面造成严重压痕和变形,减少夹紧时弹体上的局部压强,防止对弹体上的连接螺纹造成破坏,也应采用面接触夹具的形式。

由于旋卸过程中扭矩很大,螺纹之间可能由于锈蚀等原因造成旋卸过程中摩擦生热,为确保作业时的安全,防止意外事故发生,应限制机器转速和扭矩大小。由于底排有一向后的3°锥角,夹具(工具头)在夹持时会产生向前的力,不利于夹紧,可在夹具上设计出小而多的利齿,夹持时扎入底排壳体从而增大夹持力,由于旋卸下的底排作报废处理,可不考虑夹具对旧底排的破坏。由于底排壳体与挡板除螺纹连接外,在壳体内螺纹上涂有包覆隔热材料,该材料具有很高的粘接强度,使得挡板与壳体的扭矩远大于底排与弹体的扭矩,也可利用底排挡板上的通孔将其旋下,但应注意旋卸时不要触及底排装药,以确保作业安全。

1.5 小夹持空间元部件旋分技术

报废子母弹子弹引信旋卸是报废子母弹销毁处理技术保障活动的重要工序,其安全要求高、拆卸难度大,现有的报废通用弹药销毁设备不能满足报废子母弹子弹引信旋卸要求。报废子母弹子弹引信旋卸具有如下需求和困难:

(1)夹持空间较小。引信与弹体的连接分为直接螺接和间接螺接。直接螺接的引信与弹体,其配合螺纹一般在5扣之内,引信体一般分为上半部的异型体和下半部的雷管座,并且用两个直径3mm的螺钉连接,连接强度较低;间接螺接的引信与弹体通过连接螺连接,连接螺露出部分仅有2~3mm,其上有两个小缺口,可夹持空间较小。

(2)扭矩范围较大。几乎所有直接螺接的引信螺纹处均涂有螺纹紧固剂,无法手工旋卸,而采用间接螺接的螺纹处没有涂螺纹紧固剂,仅凭手力即可旋下,两者间的扭矩相差较大。此外,子弹经过长期储存,引信螺纹扭矩也会在一定范围内发生变化。

(3)飘带和翼片干涉。所有引信均带有飘带,部分引信还有翼片,由于子弹引信飘带仅用一个很细的钢丝或两个小铜片箍住,飘带会在子弹从子弹串上拆下时或者在传送过程由于振动作用而散开。飘带散开后会带来一系列可能发生的问题:一是在传送链上相互搭接,使子弹不能正常进退;二是在工具头退回时,会发生缠绕;三是对于有连接螺的引信,影响工具头对准连接螺上的两个豁口。此外,子弹经过长期储存后,稳旋翼片弹簧的弹力也会发生变化,翼片状态不确定,可能自动张开,也可能无法自动张开,或者在工序间传递过程中因振动张开。

(4)左右双向旋卸。由于不同口径引信螺纹连接方向不尽相同,机器工具头应考虑左旋和右旋两种方向均能适应的问题。

(5)综合安全防护。报废子母弹子弹若意外发火,不仅产生高速飞行、极具杀伤破坏力的破片以及以峰值超压形式破坏毁伤的冲击波,还将产生高温、高压、高速的金属射流,因此,要针对破片、冲击波和金属射流进行综合安全防护。

报废通用子母弹子弹销毁处理系统提供的技术方案是:当子弹在链条带动下进入引信旋卸工位时,引信旋卸机气动夹紧机构在夹紧汽缸驱动下完成夹紧弹体动作,夹紧机构头部设置顶部和三个侧面的防爆隔板。纵向和旋卸伺服电机经减速机构减速后同时作用,驱动旋卸工具头边旋转边前进,当旋卸工具头前进至子弹引信的铝质异型体或引信的连接螺位置时,旋卸工具头的两个卡爪在汽缸作用下开始向内收缩并夹持住引信的异型体或连接螺的侧面,然后根据不同的子弹引信螺纹方向按设定的旋卸方向边后退边旋卸,当引信或连接螺已完全从子弹上分解下来并后退复位,此时旋卸工具头的两个卡爪在汽缸作用下张开,旋卸下来的引信或连接螺掉进引信退料轨道完成退料,子弹弹体由传送链送入下一道工序滑轨,一个工作行程结束。

引信旋卸机由进给伺服电机、动力伺服电机、减速机构、滚珠丝杠(移动导轨)、旋卸工具头(主轴箱)、工具头卡爪汽缸、气动夹紧机构、防爆隔板、防爆砂箱等部分组成,主要用于完成子弹引信或连接螺的旋卸分解;气动夹紧机构安装在机器台架上,在汽缸的驱动下,用于夹紧子弹弹体;旋卸工具头与主轴连接,主轴与进给伺服电机连接,主轴箱安装在机器台架上,用于完成纵向进给;动力伺服电机与连接旋卸工具头,用于提供旋卸动力,完成旋卸动作;工具头卡爪与汽缸连接,用于夹紧、松开子弹引信;防爆隔板和防爆沙箱,用于阻挡爆炸产生的冲击波和破片,防爆沙箱用于减少金属射流对设备造成的破坏。同时,在旋卸时,将引信头部朝向工具头,避免了工具头受到金属射流的破坏。

1.6 冲击载荷径向剪切技术

冲击载荷径向剪切技术即对弹丸施以较大冲击载荷,使弹丸沿径向断裂,然后再采取其他方式取出弹丸装药,实现销毁处理与弹丸毁形同步。冲击载荷剪切弹丸原理如图 1-15 所示。

采用冲击载荷径向剪切法处理装药弹丸,涉及两个方面的关键技术:

(1) 剪切载荷的选择和弹丸断裂方式的优化。

(2) 炸药在径向冲击力作用下的安全问题,是否会超过炸药感度极限而发生爆炸,具体涉及 3 个方面:一是弹丸材料在剪切过程中产生高温,引发炸药燃烧,甚至爆炸;二是炸药受到径向挤压、断裂摩擦,可能因黏塑性功转变成热、空穴弹塑性塌陷、固相材料压缩发热、剪切带致热等,致使在炸药中产生热点,由热点扩大为爆

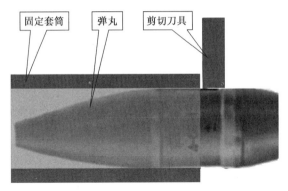

图 1-15 冲击剪切原理示意图

炸;三是剪切过程中,其他诸如静电、铁屑等因素,可能引起炸药爆炸。

弹丸在断裂过程中裂纹表面要发生位移,即裂纹两侧的断裂面在其断裂过程中要发生相对运动,根据受力条件不同,在冲击剪切过程中所产生的裂纹有三种基本方式:张开型裂纹、滑移型裂纹和撕裂型裂纹。

当弹丸在径向夹紧力的作用下,弹丸剪切区的弯曲和拉伸受到限制,同时,剪切速度较高,塑性变形减小,使剪切刀具和材料的侧向挤压力减小,当速度达到临界断裂速度时,轴向挤压力的影响可以忽略不计。这样,剪切刀具和固定套筒处的材料在剪切力的作用下基本是以剪切刀具的运动方向发生滑移,直至断裂,只是在断裂的后期发生少量撕裂现象。因此可以说,冲击剪切过程中,裂纹扩展主要以滑移型裂纹(Ⅱ型裂纹)为主,而张开型裂纹(Ⅰ型裂纹)为次,冲击载荷剪切裂纹方式如图 1-16 所示。

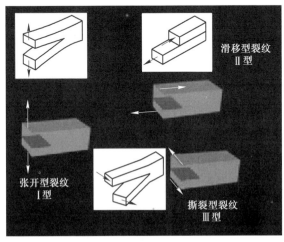

图 1-16 冲击载荷剪切裂纹方式

弹丸在冲击载荷作用下的绝热剪切断裂前必有韧性断裂和脆性断裂,脆性断裂前必有韧性断裂,至于何种断裂方式为主,则取决于剪切速度、剪切动量以及剪切时弹丸约束状态等因素。

剪切设备由上料机构、推料机构、托料缓冲机构和剪切设备主体组成。其中剪切设备主体由电动机、机身、多级齿轮传动机构、夹紧装置、刀具等构成,如图 1-17 所示。其工作原理是:由三相异步电动机提供动力,首先经过皮带传动,再由皮带传动带动齿轮传动(二级减速)后,驱动偏心曲轴,由偏心曲轴带动连杆,连杆推动连座作反复运动;剪切刀具安装在连座上面,夹紧装置安装在主机体上面,由于剪切刀具受到连杆推力的作用,使得在剪切刀具和夹紧装置间的弹丸受到冲击剪切力而被剪断。

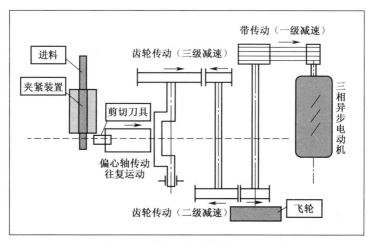

图 1-17 剪切设备主体构成示意图

冲击剪切时,弹丸置于固定套筒中,随着刀具快速挤压材料,使材料发生变形,经由弹性变形、塑性变形、裂纹产生和滑移扩展、断裂分离等几个阶段而告终。

弹性变形阶段是指刀具与弹丸发生接触后,弹丸在力的作用下发生变形,此时,作用力还没有达到材料的屈服极限,如图 1-18 中 OA 阶段所示。随着剪切的深入,当应力超过材料的屈服极限时,材料开始进入塑性变形阶段,如图 1-18 中 AC 阶段所示。由于固定套筒和刀具处的剪切速度和受力大小都不相同,使得弹丸剪切断面附近的塑性变形情况也不相同,在刀具处会产生应力、应变集中,此处的材料首先发生屈服,形成剪切塌角。径向无约束剪切时刀具处的材料向前弯曲,固定套筒处的材料向上翘起。剪切间隙越大,产生的弯曲力矩越大,弹丸的上翘现象越严重,产生的塌角越大。而采用套筒夹紧剪切时,基本消除了被剪弹丸的弯曲自由度,一定程度上限制了棒料的上翘和坯料的弯曲。由于塑性变形的存在,侧向挤压力不可能完全消除,但通过提高剪切速度,进一步减小了剪切区的塑性变形;同时变形速度的提高,使得材料受到的端面摩擦力也减小。

通过弹丸剪切过程和剪切效果分析,可得知剪切刀具形状、剪切力方向与弹丸轴线是否垂直、刀具与固定套筒间隙、剪切动量与剪切速度、弹体材质及大小等因素最影响弹丸剪切质量。

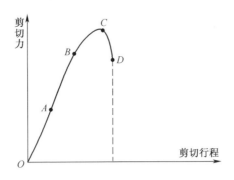

图 1-18 剪切行程与剪切力

不同情况下的剪切效果如图 1-19~图 1-21 所示。

（a）

（b）

图 1-19 同一剪切动量对不同装药弹丸剪切效果对比
(a)85mm 弹丸绝热剪切断面;(b)130mm 弹丸脆性剪切断面。

冲击载荷径向剪切装药弹丸过程中,存在的安全因素主要有三个方面:一是静电、电气可能引起弹丸装药爆炸;二是被剪弹丸断裂后仍然有较大冲击,可能伤及操作人员;三是剪切时弹丸装药受不可预见因素影响而发生爆炸,为防止在剪切时发生安全事故主要采用以下安全防护措施,对于静电、电气对弹丸装药的安全影响,可采取接地、选用防爆电机以及防过载措施加以解决;对于剪切后弹

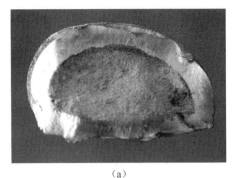

(a) （b）

图1-20　55式37mm高弹丸在不同剪切动量下的剪切效果

(a)小剪切机剪切效果；(b)大剪切机剪切效果。

(a) （b）

图1-21　不同退料装置下的剪切效果

(a)防偏移推料装置下的剪切效果；(b)无防偏移推料装置下的剪切效果。

丸的防冲击，可采取弹簧缓冲和液压缓冲两种方式，如图1-22和图1-23所示。

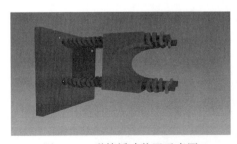
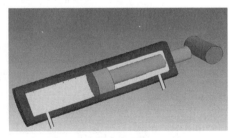

图1-22　弹簧缓冲装置示意图　　　图1-23　液压缓冲装置示意图

为防止因意外因素引起炸药爆炸而造成重大人员伤亡，整个剪切操作过程设在防爆隔离室内进行，将上弹区域和操作区域通过防爆墙与剪切设备隔离开来，如图1-24所示。

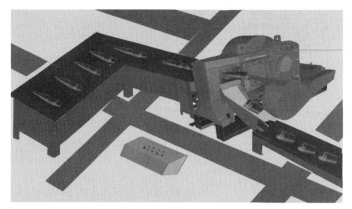

图1-24 防爆隔离操作布置图

1.7 自动锯床切割法

由于破坏金属弹壳需要较强的作用力,因此引爆炸药的可能性提高。设计、制造的弹药分割机器必须配有防护装置,最好采用远距离操控的自动化系统以及液压传动系统,设备安装在防爆小室内。

20世纪70年代美国研制的57~120mm炮弹的自动锯床如图1-25所示,它只需30~60s就完成切割或冲孔的操作,该机器系统采用液压传动,有两个切割

图1-25 美国自动锯床装置图

仓,外设防护罩。防护罩是两端带扁球型盖的钢制圆筒,轴线平行于地面,爆炸试验证明它可以满足防爆的要求。弹药的装运依靠轨道托架滑车,人工控制进出防爆小室,自动锯床曾处理过40mm炮弹、火箭助推器,以及M42榴弹。运行步骤如下:

(1) 将待处理弹药装载到托架滑车上,关闭防护门,启动设备。
(2) 滑车进入带有护罩的弹药加工位置,完成切割或冲孔后刀具退回原位。
(3) 切割后的弹药,沿滑槽移出防护罩外,送往烧毁炉烧毁处理。
(4) 防护门打开,空滑车回到装载位等待下一枚弹药的装载操作。

该设备对装有A5炸药的M42榴弹进行冲孔处理,采用圆冲头,处理速度是6~7枚/min。因为被处理的榴弹未去掉引信,试验阶段曾发生过爆炸,将冲孔位置改在弹侧壁距弹头引信一定距离后,再没有发生过爆炸。

第 2 章 倒空分离技术

倒空分离是指将含能材料从元件或部件取出的过程,是弹药销毁的重要环节。各国围绕弹药倒空技术相继开展了研究,已有多种技术方法应用于弹丸装药和发射装药倒空,弹药装药倒空技术按原理主要分为加热倒空、溶解倒空、破碎倒空和切割倒空。

2.1 低温循环技术

低温循环技术指采用液态氮清除推进剂,形成统一尺寸,供进一步处理或再利用,尤其适用于销毁火箭发动机。低温循环技术的优势是氮不发生化学反应,不产生任何废物流,更易于再利用,材料性能不会严重受到作业影响。尤其是,当温度低于常温或与常温持平时,运用该技术不会加速推进剂的降解。

桑迪亚国家实验室在 1994—1996 年期间研究了低温循环技术。研究报告描述的低温循环过程如下:液态氮在含能材料内部形成热梯度。如果应力超过材料的局部强度,热梯度将依次产生应力梯度和应力解除裂纹。当温度恢复至常温时,将产生更多的裂纹。裂纹交叉时,引起毁坏,材料的平均尺寸随之减小。多次循环致使尺寸进一步缩小。3~4 次循环足以将散装双基推进剂缩小至 6~10mm 的尺寸。据实验室推断,该技术应用于非熔铸粘结双基火箭发动机已经成熟。

通用原子公司提供了一种火箭推进剂低温循环设计,包括 3 次循环,每次包括填充液态氮至低温循环槽的 15min、加热的 2h、再冷却。最终加热的时间为 4h,粒状推进剂被分类,去除过大的颗粒(大于 12.7mm),重新处理。低温循环和分类可遥控进行,但需人工移动低温循环槽,整个加工过程在 14h 内轮班完成。

美国一些弹药销毁处理机构采用"低温、室温的温度循环法"倒空火箭弹发动机内的装药,将发动机低温冷冻,然后快速升至室温,再冷冻,再升温,如此反复进行温度循环操作,可使发动机中的药柱形成分布不均的热应力,进而发生破裂,最后将破碎的药块从发动机中取出。

2.2 水力空化炸药倒空技术

空化是由于液体中局部低压(低于相应温度下该液体的饱和蒸汽压)使液体汽化而引发的微气泡(或称气核)爆发性生长的现象。

空泡初生后,随着时间的增长,空泡将发育膨胀,而当空泡周围的液体压强增高时,则可见空泡又会收缩甚至溃灭。由于空泡中一般均含有微量不凝集的永久气体,因此空泡不会立即消失,而是溃灭与回弹再生交替发生。空泡的尺寸每再生一次则减小一次,甚至不为肉眼所见而溃灭消失。空泡的初生、膨胀、收缩、溃灭、再生甚至最后消失的这一过程称为空化过程或空化,水力空化装置如图 2-1 所示,水力空化系统工艺流程如图 2-2 所示。

图 2-1 水力空化装置

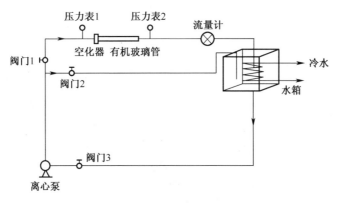

图 2-2 水力空化系统工艺流程

根据空化区的结构及水动力特性,可以把空化分成游移型、固定型、漩涡型和振荡型四类。

(1) 游移型空化是一种在水中形成的单个的随水流一起运动的不稳定的空泡(或空穴)。在它的发展过程中,会形成若干次扩大、收缩的过程,最后溃灭消失。这种游移的、不稳定的空泡可以在固体边界附近、水体内部的低压区、漩涡中心或紊动剪切的高紊动区域内出现。肉眼可见游移型空化为一个空化区(空穴)。用高速摄影可显示出游移型空化呈球形泡,这些空泡随水流一起运动;当其经过低压区时,尺寸增大;当其运动到压强较高的区域,会迅速形成收缩、再膨胀(再生)、再收缩的振荡过程,以至溃灭。在这个过程中,水流会产生强烈的脉动。

(2) 固定型空化发生在初生空化的临界状态以后。当水流从绕流物体或过流通道的固体边壁上脱流,在壁面上形成肉眼看来似乎不动,而实际上是随时变动的不稳定的空穴。固定型空化有时经过发育成长后,可自尾部逆流回充,形成固定型空穴的溃灭,产生周期性循环过程。固定型空化发生在固体边壁上压强接近于蒸汽压强(或临界抗拉强度)处,由于该处发生局部空化使流体脱流而形成了固定型空化的空腔。

(3) 漩涡型空化在船舶工程中十分常见。在螺旋桨桨叶附近的漩涡中、水翼和支架交界面的漩涡中都会经常出现这种空化。由于这些部位漩涡中心的压强最低,而且漩涡使卷入涡心的气核可以较长时间处于低压区中,所以在漩涡中心首先形成空化,显然,漩涡空化的空化特性与漩涡的强度密切相关。

(4) 振荡型空化又称无主流空化,其特点是一般发生在不流动的水体中,水体可经受多次空化循环过程。在振荡空化中,造成空穴产生和溃灭的作用力是水体所受的一系列连续的高频压强脉动,这种高频压强脉动可以由潜没在水体中的物体表面振动形成(如磁致振荡仪),也可以由专门设计的传感器造成。这种高频振动的振幅应足够大,使局部水体中的压强低于蒸汽压强,否则不会形成空化。

另外,根据空化产生的方式,一般可以把空化分为四种类型:声空化、光空化、粒子空化和水力空化。

水力空化现象就是水流在一定温度下,当局部压强降低到该温度的饱和蒸汽压强以下时,水流内部形成空穴、空洞或空腔的现象。从水流在低压下可以汽化的观点出发,也可以把空化现象看作是一种常温情况下的沸腾现象。不过,一般水的沸腾是温度升高的结果,而这种沸腾却是压强降低的结果。水力空化试验如图2-3所示,水力空化具有以下特点。

(1) 空化是液体中由于某种原因导致空泡产生的一种现象。水力空化是利

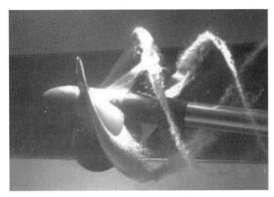

图 2-3 水力空化试验图

用局部高速水流的降压效应产生大量空泡的一种空化方法。

（2）空化现象包括空泡出现到消失的全过程，它涉及空泡的初生、膨胀、收缩和溃灭等不同阶段，并且这一过程是持续的、瞬态的和随机的。这一流动是一种特殊的、异常复杂的两相流动，无论固体或气体，在正常情况下都不会发生这种现象。

（3）空化过程中有大量的能量释放，可以产生高温、高压、高湍流、高射流等极端条件，水力空化应用于水处理，主要是利用空泡瞬间溃灭所产生的巨大能量，使废水中的有机物在高温、高压条件下被降解。

水力空化炸药倒空技术由俄罗斯彼得大帝战略导弹学院研制成功，主要原理是利用流速不同的两相水流产生压力差，在水流中会形成许多直径为 $3\sim 5\mu m$ 的空泡，这些空泡遇到炸药等固体界面时会溃灭，瞬间产生 100MPa 的负压，从而逐层剥离炸药，能够实现炸药与水自动分离、工艺用水自动循环净化功能。

当水力空化作用于销毁废旧弹药时，液体局部的低压区产生空化泡，随后空化泡随液体一起流动，在高压区空化泡迅速溃灭，处于正常温度与压力的液体环境中局部产生异常高温和高压。空化泡瞬间绝热溃灭所产生的能量虽然只集中在空化核周围，但这些高度集中的能量梯度足以使水分子结合键断裂产生羟自由基和氢自由基。

$$H_2O \rightarrow H\cdot + \cdot OH \tag{2-1}$$

同时，空化泡溃灭产生冲击波和射流，使这些自由基进入液相，与溶液混合。自由基的最大特点是它的化学活性强，很容易通过化学反应形成稳定的分子，或者是与其他分子间的反应，或者是自由基的再结合反应。这就为化学反应提供了一个极其特殊的物理化学环境，使得利用水力空化引发化学反应成为可能，从而达到废旧弹药回收再利用的目的。

影响水力空化的发生和发展的因素主要有如下几方面：

（1）水流中含气量和核谱的影响。当流速固定时,流场的初生空化数随着含气量的增加而增大。即随着含气量的增加,流场更易发生空化。不同的核谱会对空化初生带来不同的影响。

（2）压强分布的影响。空化现象是由于压强降低而产生的,所以压强分布直接影响空化的初生。实验表明,只要流场中某点的总压强低于流体的临界压强,就会发生空化。

（3）来流紊流度的影响。来流紊流度的大小直接影响绕流物体周围流场的流动特性,特别是对边界层内有层流分离的绕流物体来说,影响更大。大的来流紊流度可以使绕流物体周围流场中各点的压强脉动增大。这样,水流中某些点上低于产生空化临界压力的概率就会增加,易发生空化。

（4）黏性的影响。这种影响实际上是雷诺数的影响,黏性或雷诺数影响边界层分离,因而影响壁面上最小压力点的位置,即影响空化初生的位置。

（5）表面张力的影响。根据空泡动力学方程可得,表面张力使空泡溃灭时的速度增大;使空泡的振荡周期缩短;使空泡的振荡幅值减小;液体的表面张力对空泡的胀缩影响过程是明显的。

（6）边壁表面条件。壁面粗糙度对空化初生和发展有重要影响。一般来说,粗糙要比光滑壁面上空化初生偏早。这是因为在粗糙凸起后面的流动易发生分离,产生局部高流速和高紊动,从而使负压脉动增加,使得粗糙面要比光滑壁面上空化初生偏早。此外,壁面的粗糙度还将改变气核的发育过程和环境,壁面的浸润性对空化初生也有影响。此外,壁面的浸润性对空化初生也有很大的影响。提高壁面的亲水性能可以降低初生空化数。

（7）气核低压历时的影响。空泡动力学理论认为空化的发生都是突然膨胀,而事实上空化发生是有一段历时的。气核需要在低压区中经历一定的时间才能发育到临界半径而形成空化。气核进入低压区后,要经过一定的历时(视低压区的特性和历时长短有所不同)才能形成空化。

（8）其他影响因素。空化初生必须是在水体内有足够气核的情况下才有可能,而气核的发育以至成为不稳定而膨胀,不仅受其初始半径的影响,而且也与气核周围水体的热力学性质、高分子聚合物、气核周围水体压强大小和气核生长惯性等因素有关,这些因素都是互相关联的。

传统的报废弹药处理技术存在安全系数低、污染环境和浪费资源等突出问题。目前,俄罗斯防务出口公司的创新技术已成功解决了这些问题,不但能够确保操作人员安全,而且清洁环保,还能对处理后的弹体和爆炸物进行回收利用,所用设备如图2-4所示。下面对俄罗斯此项技术发展过程进行详细介绍。

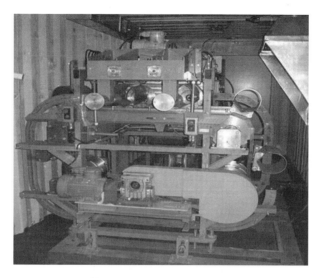

图 2-4　俄罗斯防务出口公司的弹药处理设备

苏联解体后,数量庞大的炮弹和火箭弹留在了苏联加盟共和国和通过《军事技术合作协定》(MTC)从苏联获取弹药的国家。经过长期存放,这些弹药已经报废。不可逆转的变化过程改变了弹药中爆炸物、火药和金属结构的物理化学特性。

存放和运输这些弹药很不安全,用在战场上就更危险了。此外,爆炸品仓库对卫兵和附近的居民也造成了现实威胁。根据现有的统计数据,过去 15 年来,世界各地的弹药库共发生了 40 起大的意外事故,导致弹药爆炸、人员死伤、建筑和自然资源被破坏。2011 年夏,塞浦路斯埃万杰罗斯·佛罗拉基斯(Evangelos Florakis)海军基地弹药库发生爆炸,造成了巨大灾难。这次爆炸共造成 12 名军人(其中包括塞浦路斯海军司令官和该基地的司令官)死亡和 30 人受伤。此外,受爆炸影响,该国最大的发电站——Vasitiko 电站也陷入了瘫痪(塞浦路斯全国一半的电力由这座发电站提供)。

只有精心制定计划来处理那些不适合作战使用或已过保存期的报废弹药和爆炸品才能全面解决这一问题。

用机械切割装置或混有研磨剂的超高压水射流来切割炮弹和火箭发射器是非常常见的做法。人们很少会在化学活性环境中破除弹体,弹体内的爆炸物会放到特制的装甲熔炉内燃烧。这种熔炉配有过滤器,以阻挡有毒燃烧产物排放。通过物理方式处理弹药的主要缺点是效率低下,而且在切割弹体和压出炸药时发生爆炸的危险性非常高。

另外一种技术是在不破坏弹体的情况下用压力非常高的水射流(80~150MPa)冲刷弹内装填的炸药。这种方式更加安全,而且使得资源二次利用成为了可能。不过,这种技术的缺点是设备的使用成本和维护成本很高。

从技术上说,最简单的报废弹药处理方式就是通过引爆将其销毁,有些国家就在使用这种方式。通过引爆销毁弹药必须要考虑对当地环境造成的破坏。每吨爆炸物爆炸后会把380多千克二氧化碳和大约100kg氮氧化物排放到大气中,而每吨火箭燃料在燃烧后还会排放160多千克氯化氢。通过这种方式处理弹药后,必须清理爆炸区域的火箭和炮弹碎片,因为它们也会构成威胁,另外还要对土壤进行修复,这些都会产生额外费用。此外,引爆之后,用来制造炮弹和子弹的那些有价值的爆炸物和金属就都化为"烟尘"了。

由FUGAS公司和彼得罗夫斯基研究中心(Petrovsky Research Center)合作开发的黑索今(RDX)炸药装药水空化冲刷技术几乎解决了弹药处理中的所有不良问题。水空化爆炸物冲刷技术及相关设备在1998年获得了俄罗斯联邦专利,首台工业设备于2004年投入了使用。现在,俄罗斯防务出口公司(Rosoboronexport)把这项技术提供给了它的军事技术合作伙伴。

在水空化冲刷时,炮弹被放在一层水的下面,由一个喷嘴对其内部进行两次冲刷,水射流压力为25~30MPa。人工产生的空化场提供了一种温和条件来冲刷压紧的RDX和HMX炸药。这种方式能够确保安全可靠地清除炮弹和导弹弹头中的炸药和火箭装填的复合固体推进剂。此外,通过使用封闭循环的水系统和爆炸物挤出系统,提高了弹药处理的效率,并实现了可靠的防火、防爆安全和清洁环保。

目前已有用于冲刷黑索今炸药装药的模块化水空化设备,从而使配置用于处理各种不同口径弹药的生产线和制造移动式弹药处理系统成为了可能。俄罗斯防务出口公司已向市场提供了以下水空化模块:用于同时处理两到三发76~152mm口径炮弹(最大长度630mm)的模块、用于处理10发23~37mm口径炮弹的模块以及用于从120~300mm口径火箭弹的固体火箭发动机中取出推进剂的单站式模块。

冲刷装药的过程是自动的,能确保操作人员的安全。待处理的炮弹被放在进给器的接料盘上,炮弹的传感器件被关闭。操作人员启动设备后,所有的后续操作都是自动进行的。进给器的闸门打开,炮弹(数量与水空化模块操作台的数量一致)被放到台车的接收面上传送给冲刷设备。而后,喷嘴插入炮弹内部,炮弹开始旋转,高压供水泵开始工作。冲刷出的爆炸物泥浆被送到回收水挤压处理系统进一步处理。冲刷完毕后,炮弹空壳被自动送到台车接收面并装入弹箱等待运输。水气化冲刷处理后的最终产物是未受热损伤和机械损伤的炮弹弹体以及爆炸物和水混合的悬浮液(爆炸物浓度为 0.3%~0.5%)。挤压水分后，爆炸物(相对湿度为 25%±5%)被取出进一步处理。

处理后的炮弹弹体可以作为动员储备用于重新装填爆炸物，或装填惰性填充剂用于训练，或作为坯料提供给工业企业。处理后的爆炸物可以作为化工原料，用于生产涂料、清漆、保护涂层、乳化剂、表面活性剂和其他合成材料。利用回收炸药生产的工业炸药的品级已超过了 12 个。人们已经开发出了生产金属罩线型聚能装药(LSC)的技术。线型聚能装药已投入商业生产，用来破除和切割大型金属结构。通过利用取自 A-IX-1 炸药的原料，24~63.5mm 线型聚能装药的生产成本大大降低了。

有了俄罗斯防务出口公司环保且防火、防爆的工业用弹药处理设备和处理二次材料的技术，加之处理后的二次材料重新进入经济领域，耗资巨大的弹药处理将变成安全、有效且有利可图的产品生产。

常用水力空化设备有ГКМ-4、ГКМ-5、ГКМ-10 三型。此三型设备，俄罗斯的布设情况如下。

(1) ГКМ-4 型水力空化设备。ГКМ-4 型废旧炮弹水力空化设备，安放在面积约 $120m^2$ 的作业工房，工房属独立布局，四周设防爆土堤。作业工房面宽约 10m，高约 3.3m，纵深长约 12m，由三个砖混结构的非抗爆间和两个钢筋混凝土结构的抗爆间组成，抗爆间后有钢筋混凝土防护墙。工房内水电暖气等基础设施均按防爆要求布局，与国内作业工房的基础设施相当。

ГКМ-4 型水力空化设备是双工位的，每次可处理两发炮弹，整套设备基本实现了自动化，操作人员不超过 5 人。ГКМ-4 型水力空化设备由控制监视系统、动力系统、炮弹装卸传动系统、水力空化冲洗倒药系统、水循环和炸药过滤回收系统五个功能模块组成，前三个系统模块依次布置在三个非抗爆间内，后两个模块对应布置在两个抗爆间内。其中，控制系统可进行相关参数设置，并有水位和水温实时显示功能，监视系统由电视机和防爆摄像头组成；动力系统主要是两台高压水泵和一台空气压缩机组，每台高压水泵为一个工位的高压水管和喷头提供 25~30MPa 的压力，空气压缩机组提供 0.4~0.6MPa 的压缩空气，驱动相关的气动元器件；炮弹装卸传动系统由气缸驱动的装弹小车、气缸驱动防爆钢门、弹体装卸及密封装置、弹体旋转装置和传动导轨等组成；水力空化冲洗倒药系统主要由高压水管、水射流空化喷头、水力空化水腔和喷头步进装置等组成，其中喷头呈十字形布局，其上分布 5 个直径小于 10mm 的喷嘴，每个喷嘴的中心线与喷管的中心线夹角不同，形成覆盖一定区域的空化水流；水循环和炸药过滤回收系统由多组筛网装置、三个不锈钢水箱和二组全塑管式过滤器组成。

适用范围:用于处理含有黑索今、奥克托今、高氯酸铵、铝粉、TNT等组分装药,主要参数:口径在76~152mm,长度小于630mm的各种炮弹;设备功率为120kW;处理能力为一次2枚弹体;处理炸药能力为20~40kg/h;泵工作压力为25~30MPa;空气压力为0.4~0.6MPa;输水系统循环使用;炸药冲洗的水流量约300L/min。该型设备在处理不同口径(76~152mm)炮弹时,需更换不同的水力空化喷嘴,并设定相应的工作参数,整个更换工作可在30min内完成。根据不同的口径和装药的炮弹,所设定的工作参数是不同的。

(2) ГКМ-5型水力空化设备。ГКМ-5型设备与ГКМ-4型设备功能基本一致,但结构更为紧凑,适用于车载运输。ГКМ-5型设备同样具有五个功能模块,分别安装在三个20t集装箱内。使用时,需将炮弹装卸传动系统、水力空化倒药系统从集装箱中吊出,布置在防爆土坑中。控制系统、动力系统、水循环和炸药过滤回收系统直接在集装箱内使用。布置该系统需用16h,一次可预装填10发炮弹。

适用范围:用于处理含有黑索今、奥克托今、高氯酸铵、铝粉、TNT等组分装药,主要参数为:口径在76~152mm,长度小于630mm的各种炮弹;设备功率为120kW;处理能力为一次2枚弹体;处理炸药能力为20~35kg/h;泵工作压力为25~30MPa;空气压力为0.4~0.6MPa;输水系统循环使用;炸药冲洗的水流量约300L/min。

(3) ГКМ-10型水力空化设备。ГКМ-10型设备主要批量处理小口径炮弹,同样具有五个功能模块,需布置在防爆工房内。该系统具备连续供弹装置,可预装填90枚炮弹,处理效率较高。另外,俄方配套研制了四联装的弹体和引信分离装置,在水力空化处理前,可将小口径炮弹的引信拆除。

适用范围:用于处理含有黑索今、奥克托今、高氯酸铵、铝粉、TNT等组分装药,主要参数:口径在23~37mm的各种炮弹;设备功率为120kW;处理能力为一次10枚弹体;处理炸药能力为20~40kg/h;泵工作压力为25MPa;空气压力为0.4~0.6MPa;输水系统循环使用;炸药冲洗的水流量为170L/min;耗水量(考虑到水循环使用)为0.01m^3/h。

2.3 熔化技术

熔化技术采用多种方法加热弹药内的含能材料,以协助或促成其从弹壳内去除。该技术同样必须经过某种拆分处理,才方便去除含能材料。通常为缩短弹药销毁时间,仅依靠注入孔去除是不现实的,因此需要预先实施某些逆向操作或切除。

加热含能材料和衬层杂质都可能影响材料的安全性能。有学者研究了熔化温度和添加沥青衬层对 TNT 感度的影响。结果表明,沥青污染物虽然不会对撞击感度产生重大影响,但仍会对撞击感度和热感度产生不利影响。

熔化技术适用于去除熔铸高能炸药,如 TNT、B 炸药和特里托纳尔,不适用于那些不能立即熔化的混合炸药,例如 RDX、HMX 和 PBX,并且药型罩材料会引发问题。熔化技术可分为两类,即使用受压热水或蒸汽熔化装药的熔化技术和使用间接方法的熔化技术(主要包括微波熔化和感应熔化)。

1. 蒸汽熔化技术

蒸汽熔化技术有直接加热法和间接加热法两种。直接加热法是蒸汽与炸药直接接触,借助蒸汽热和蒸汽的冲刷作用,将炸药熔出;间接加热法,又称热空气加热倒药法,是蒸汽与炸药不接触,通过热传导透过金属外壳间接熔化炸药。直接加热法速度较快,但回收炸药含有少量的水分;间接加热法,传热速度较慢,倒空时间较长。美国弹药专用设备 1300 系统将水射流喷嘴(82℃、690kPa)作用在头螺或弹底螺上,回收熔铸炸药。由于温度和压力均较低,因此该技术会产生相当大量的废水。此外,蒸汽喷嘴也会产生废水。该系统与超低压水射流系统类似,不同点在于使用热水。

蒸压器自 20 世纪 60 年代开始研发,于 70 年代付诸实用。1994 年 7 月,APE1401 蒸压器熔化系统安装在克兰陆军弹药库。该蒸压器使用压力容器,将热水加热至沸点之上,熔化熔铸炸药后,等待回收处理或销毁。蒸压器仅能将蒸汽作用在弹药表面,因此废水产生最少。然而,对于大型弹药来说,这种方法可能会很慢,为提高速度,采用了与水射流相似的蒸汽枪,以作用在弹药内部,但这样做的代价则是产生更多废水。在 APE1401 系统中,蒸压器的工作条件为 115℃、103kPa,最大可处理的弹药重 340kg,每小时约产生 3.8L"粉色水"。在不包括处理回收炸药材料和"粉色水"的费用时,APE1401 系统销毁费用预计仅比露天焚烧/露天爆轰费用稍高。据报道,该系统的性能如表 2-1 所列。表中每套蒸压器的生产率包括装填/卸装循环。

表 2-1 APE1401 蒸压器熔化系统的性能表

项目	生产率/枚
90mm 弹药	8/5min
105mm 弹药	12/20min
120mm 弹药	8/30min

(续)

项　　目	生产率/枚
150mm 弹药	6/50min
175mm 弹药	3/60min
203mm 弹药	3/75min
340kg 通用炸弹,弹底切割	1/155min
340kg 通用炸弹,弹头引信切割与去除	1/195min

2. 微波熔化技术

微波是一种频率范围介于无线电波与红外波之间的电磁波,频率为300MHz～300GHz。微波加热物料主要有三种机制:第一种机制,极性分子在外加微波电磁场的作用下,原来杂乱无章的分子随之快速改变方向,分子或原子的电子云发生偏移导致偶极子发生运动,呈现正负极性,由于电磁场的变化速度高达24.5亿次,如此高速的轮摆运动,使分子间摩擦产生热能;第二种机制,磁性物质在微波场作用下,磁性组分会发生变化,这种变化的迟滞作用产生热能;第三种机制,根据导体感应磁场产生涡流的原理,在一个线圈周围交变的电磁场,在导体内产生交变的涡流诱发导体生热。微波辐射引起物质温度上升的速率主要与微波频率及其相应波长、材料(介质)内电场的尺度、被加热材料的特性(介质常数、介质损失或介质耗散能量的能力)等因子有关。微波并非从物质材料的表面开始加热,而是从各方向均衡地穿透材料后均匀加热,但微波穿透介质仅及有限深度。微波熔化是利用微波技术的三种机制产生的热量成梯度地由导体传导给炸药,靠近导体(弹丸壳体)的炸药首先熔化。大电流加热速度快,表面温度升高较快,表面涂有胶黏剂固定的弹丸装药,可以采用这种方法结合地球引力和其他机械力,倒出装药药柱。

该技术适用于熔铸炸药,与其他熔化技术相比,微波熔化具有诸多优势:由于不采用水或蒸汽,因此所得材料纯度高,可直接再利用;无水作业可避免产生污染物,如污染 TNT 的"粉红色水"是极难处理的;由于能量可直接转给含能材料,极少有能量用于加热弹壳,具有更高的能量效率。缺点是:存在安全隐患,还需要建立安全的能通量和控制条件。

微波等离子体是在微波作用下的电子与中性气体反应所产生的离子化气体。电子被微波的电磁场加速后,与气体分子发生无弹力碰撞,产生出更多的电子和带电离子,当电子和离子的生成速率大于消耗速率时,就产生了等离子体。等离子体具有化学活性,可以破坏其中的化学物质,从而使微波等离子体法成为一种销毁有害物质的手段。

微波熔化技术尽管最早出现在20世纪70年代至80年代初,但是直至开始重视资源回收与再利用后才得以进一步发展。1998年,埃尔多拉多工程公司出版了一份有关微波熔化应用的论文,在研究TNT、特里托纳尔、B炸药和H-6后,得出TNT和特里托纳尔在加热至沸点以上的温度时,具有吸收少量能量的特性。这样可极大降低加热过程中热损耗的风险,而且由于TNT和特里托纳尔的衰减距离更大(可降低过热风险,并提供更加一致的加热模式),因此微波频率越低,效果越好。热性能也将伴随微波进一步侵入冷炸药而改变,这与进入已加热炸药时的情况不同。

进一步的研究则采用重340kg、内装特里托纳尔的M117炸弹。研究证实,微波熔化技术可回收约99.6%的特里托纳尔。试验要求的安全措施如下:

(1) 仔细将炸弹与已切除的弹底焊接,并使用相关设备防止火化。

(2) 遥控作业。

(3) 使用红外照相机监视炸弹表面,发出警报时微波终止,预防危险与爆炸。

(4) 利用热空气,预热炸药表面,减少微波启动时侵入的深度。

(5) 试验室配备喷淋系统,炸弹腔配备水射流喷嘴。

2010年,加拿大研究人员采用微波法在碱性条件下水解硝化甘油,将硝化甘油溶液加入到pH值为9的碳酸钠或pH值为12的氢氧化钾溶液中,然后置于微波反应器中,控制反应温度为50℃,为了防止过热,每2min停一下微波反应器并用冰冷却反应容器,确保了硝化甘油的安全销毁。

目前,微波熔化技术处于原理样机阶段,尚未建立微波熔化试制生产厂。美国图埃勒陆军仓库采用微波能量熔出弹丸装药的作业中,没有水,也不排除污染物,基本上不存在污染,回收的炸药熔化后可以再利用。

3. 感应熔化技术

感应熔化或加热是指利用壳体作为感应磁场中的导体,磁场由缠绕壳体的线圈产生,将交流电作用在线圈上,结果在壳体内部产生电流,从而加热。该技术适用于熔铸炸药,目前处于原理样机阶段,优点是不浪费水,缺点是存在安全隐患,需要采取安全措施。

感应熔化设备主要由三部分组成:①电源。为感应线圈提供初始电压,依据需要可采用中频电压或者高频电压,必要时,还需要采用稳压器。②感应加热炉。感应加热炉由感应器、进出料机构、炉架与冷却水系统等组成。感应器是感应加热炉的核心部分,而将弹丸壳体缠绕上线圈可视为熔化弹药的感应器。③控制和操作系统,用于控制炉内的炸药熔化情况。

由于热是通过传导的方式从壳体传给含能材料的,因此会在材料内部出现温度梯度,靠近壳体的地方温度最高。由于热传递需要时间,而过多电流会导致表面温度过高,因此会限制熔化过快。如果弹药被切割,可能会熔化含能材料的表面,并在重力作用下使剩下的螺脱落,或在推杆的辅助作用下螺脱落。

在感应熔化作业过程中,需要小心防止火花从感应线圈飞溅到壳体上。这一问题可通过陶瓷衬垫解决。另一危险是由加热含能材料产生的水蒸气。

有报道给出了一些有关感应熔化系统样机的信息:使用内装 B 炸药的 60mm 迫击炮弹,电流为 4kW 时,平均熔化时间为 11.9s。当有推杆挤出部分熔化废料浆时,平均熔化时间可缩至 9.4s。结果表明,该技术可平均去除 99.1% 的装药。

2.4 CO_2 鼓风/弹丸装药真空清除法

美国研究开发的 CO_2 鼓风/弹丸装药真空清除法是将一个真空系统和一个 CO_2 鼓风系统配合在一起使用,将干冰球向弹体装药喷射,使炸药吹成粉末状后被收集进入真空容器中。目前正在使用的这套系统由 CO_2 鼓风清除系统、弹药分解工具和防爆真空系统组成。CO_2 鼓风清除系统由干冰球、气体压缩机、气体干燥器和液态 CO_2 储存箱构成。

将弹丸放在车床式的钻床上。当弹丸转动时,钻床通过一个中空轴钻头在弹丸装药上留下一点点的钻孔,真空器则将粉末状炸药吸进空心轴中。钻床有一套凸轮,其作用是将小碎片集中到弹丸内钻出的孔中,当弹丸装药钻孔后,退出钻头,此时弹丸内壁残留有一层约 3mm 厚的炸药,将 CO_2 喷枪置于原来钻头所处位置,用一个黄铜套圈来密封喷枪和真空室的连接处。CO_2 喷枪像钻头那样一点点进入弹腔中,但它不需要凸轮系统。在干冰球的喷射作用下炸药变成粉末,然后被真空器吸出。为使真空器和 CO_2 喷枪一起工作,同时为确保钻头和 CO_2 喷枪不在同一时间与真空器相连,需要一个可选择开关。当一发弹丸的炸药被清除干净后,将它从钻床卡盘上取走,换上下一发。

与其他倒空方法相比,CO_2 鼓风/弹丸装药真空清除法具有如下优点:

(1) 操作简单,机械化程度高,不涉及废水处理问题,不产生任何有害副产品。

(2) 消耗能量低,倒空后的金属壳可直接装新药或作他用,不需要任何其他工序。

(3) 不产生任何副产品,这样倒空中的问题就只存在于炸药本身,而倒空后的炸药可以被售出。

2.5 超声波倒空技术

超声波技术主要指使用超声波脉冲,基于超声空化原理,当超声波能量足够高时,会使固体材料中的微小气泡在超声场的作用下振动、生长并不断聚集声场能量,当能量达到某个阈值,空化气泡急剧崩溃闭合,最终使固体材料发生破裂,从而打碎装填的熔铸含能材料。

超声波脉冲可在溴化钙液体内生成空腔,进而在浸水土中产生破片。试验处理的是装填在60mm和81mm迫击炮弹弹壳内的TNT、B炸药类似物。这样,利用长12.5mm的探针以及375W、20kHz的超声源可在1h内实施多次去除作业,利用更大的探针和带助推器的超声波源可增加去除作业次数。

在由美国陆军研发与工程司令部-武器研发与工程中心发起的小企业创新研究基金的支持下,美国TPL公司开发了一种可用于回收浇铸含能材料的超声粉碎工艺。与传统的高压釜法相比,显得更为安全且不产生红水。

2.6 CO_2临界(超临界)液体分离发射药技术

超临界流体(supercritical fluid,SF)是指物体处于其临界温度(T_c)和临界压力(P_c)以上的状态,介于气体和液体之间的流体,且具有类似液体,同时还保留气体的性能。超临界流体具有气体和液体的双重特性:一方面具有液体对溶质较大溶解度的特点;另一方面具有气体易于扩散和运动的特点。超临界流体的密度和液体相近,黏度约是液体的1/10,和气体相近,许多性质如扩散系数、溶剂化能力等性质随温度和压力变化很大。由于物质的溶解过程包含分子间相互作用和扩散作用,因此超临界流体对于一些难溶解、结构不稳定、大分子量的物质具有很强的溶解能力,对选择性的分离非常敏感。超临界相平衡如图2-5所示。

超临界CO_2流体萃取过程的基本原理是:控制超临界CO_2流体在高于临界温度和临界压力的条件下,从被萃取物中萃取得到有效成分,之后恢复到常温、常压状态,使得溶解在CO_2流体中的萃取成分以液态形式与气态CO_2分开,从而实现萃取目的。

CO_2临界(超临界)液体分离发射药组分是由美国人发明的分离方法。该方法的基本原理是发射药接触到CO_2液体后,其中的增塑剂和安定剂便溶于CO_2液体中,其他不溶成分仍以固态悬浮在CO_2液体中,通过物理过滤,将不溶成分

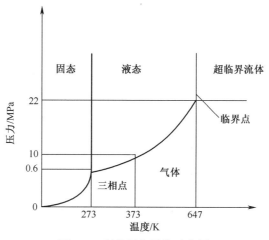

图 2-5 超临界相平衡示意图

分离除去。溶有增塑剂和安定剂的 CO_2 液体通过减压膨胀变成气体，即可释放出增塑剂和安定剂，这种方法是利用 CO_2 临界液体（刚好进入气液双状态）或超临界液体（在临界状态，增加压力同时又升高温度，可得到超临界状态液体，它像气体一样可以充斥整个容器空间，而它的密度又接近液体）作为萃取发射药中增塑剂和安定剂的溶液。

CO_2 超临界液体能够溶解常温常压下不易溶解的物质，其溶解能力随 CO_2 密度增高而提高，密度由压力和温度来调节。实验表明，用 CO_2 液体来萃取发射药增塑剂和安定剂效果很好，当 CO_2 处于超临界状态下时，萃取速度较快，萃取效果最佳，而在临界状态下的萃取速度稍慢些，萃取效果稍差。CO_2 无毒、不可燃、无腐蚀性、廉价且不产生任何有毒有害的副产品，同时 CO_2 总是保持惰性，容易气液转换，气态的 CO_2 可以方便地加压变成液体，以便循环使用。

2.7 热水冲洗法

1. APE-1300 炸药熔出设备

APE-1300 炸药熔出设备是由美国军队弹药设备处设计和确定的标准设备，图埃勒陆军仓库的这套设施，在 $35m^2$ 的工房内，包括水加热器、冲洗架、炸药包装和再生设备。热水以约 $6kg/cm^2$ 的压力注入一端开口一端封闭的弹丸内，熔出炸药，洗净金属弹丸。

在处理中，弹丸口朝下垂直放在支架上，压力为 $6\sim57kg/cm^2$ 的热水向上喷出以熔出和洗净里面的炸药。热水大约保持在 $66\sim96℃$，这个温度适应于装填物为TNT的炸药,温度太低不能熔出TNT,太高将导致出料槽和过滤器的阻塞。熔化的TNT浆料流入一个放置好的罐中,大部分水被分离出来后重新利用。熔化的炸药通过一个有孔的盘子向下喷淋,再通过冷却水造粒,颗粒经干燥、包装后储存或装运。标准的APE-1300系统的生产速率大约为635kg/h,这主要取决于造粒装置的效率。

被冷却的循环水用来清除不熔解的炸药,炸药过滤后送到一个储存箱,最后送回加热单元。正常情况下,当这套设备开动时,没有水排泄出来。空的金属弹丸在燃烧蒸发炉中除去残存的爆炸物,然后送到废金属回收处。也可用化学方法清洗以防止变形,但这种方法不常用。卸下过滤垫,从炸药浆罐中取出不能回收的沉淀物,通过燃烧处理。

现已证明APE-1300倒药系统适于填充TNT、B-炸药(TNT-RDX)、特里托纳儿炸药(TNT-Al)、阿马托炸药($TNT-NH_4NO_3$)和奥克托今炸药(TNT-HMX)的弹丸。其中,TNT、B-炸药(TNT-RDX)、特里托纳儿已能成功造粒;奥克托今因固化"太快太硬",但可以制片,用其他方法回收。阿马托是实验过程,但由于设备中黄铜的侵蚀,这套系统不适于含硝酸铵的炸药。

2. 两级冲洗设备

西德约瑟夫玛斯纳公司研制出一种两级热水冲洗装备。该设备适用于105mm或者155mm等各种口径的弹。第一级系洗涤喷射。用低于TNT凝固点的水(约74℃)冲洗弹丸开口端的蜡和绝大部分纸,同时,此过程中可能聚集在开口端的渗出物也一起被冲洗掉。冲洗出的纸收集到筐里,漂浮在水中的蜡随时分离,水循环利用。由于损耗所需的水由第二级提供补充。第二级喷射冲洗炸药。用约94℃的水冲洗弹丸中的TNT装药,TNT浆料排入分离槽,分离出的TNT由泵送入再加工工房,水循环利用。喷射冲洗炸药时应注意尽可能少产生极细的机械污染物,若形成乳化液则不好分离。冲洗出来的熔融态TNT与热水的接触时间必须选择得当,以确保TNT质量。

设备产生的废气用净水洗涤除去TNT,洗涤水反馈给第二冲洗级。两级冲洗水都循环利用,在理论上水耗为零。实际上,为了补充损失和避免聚集过量的溶于水中的污染物,要保持最少量的水通过设备。用炸药在加工过程中产生的含TNT废水作为第二级的补充水,第二级的剩余水由94℃冷却到74℃后供第一级用。第一级排出的废水水温应尽可能低,以便降低其TNT含量。由于整个设备产生的废水都由第一级排出,则废水中只有$1\sim3m^3/t$ TNT,这些废水用炸药厂现有废水处理设备处理即可。

据报道,其初步试验表明,两级热水冲洗法得到的TNT经简单的过滤,即可达到交付技术条件或军用规格的要求。过滤在真空下进行,以便得到可用普通方法造粒的干燥 TNT。用吸附剂预处理去除染色污染物,可提高过滤效果,也比较经济。

2.8 蒸汽倒药

从大口径弹丸、炸弹和其他弹药中熔出 TNT 填充物,蒸汽倒药与热水冲洗两种方法基本相似。但有两个主要不同点,蒸汽倒药对于只装有 TNT 装药的弹丸倒药效果相当好,因为缺乏高压射出热水的剥离作用,蒸汽倒药的排水量要比热水冲洗少得多。蒸汽和热水冲洗系统的主要操作过程有:

(1) 借助蒸汽或热水对炸药的冲击作用去除炸药;
(2) 排出熔融或浆状炸药;
(3) 倒空炸药的水;
(4) 制片包装,为炸药的再加工即精制做准备;
(5) 清理弹药金属弹体,为其净化做准备。

以安装在 Grane NWSC 的设备来说明蒸汽倒药方法。大型弹放在倾斜的支架上,$0.35 \sim 11 \text{kg/cm}^2$ 的蒸汽喷进并熔出炸药。用两个喷枪,一个是轴向的,一个在旁边。熔化的浆状物用橡胶连接器包住管口的管子收集流到一个搅拌釜中,送到一个有槽的冷却盘中,冷却盘放在一个开口的加热罩里面,直到水被全部蒸发出去,然后冷却 TNT 使其固化。固化的 TNT 被粉碎成大块状,装箱运出。金属弹体放在支架上,再用蒸汽冲一下,除去残存的炸药和沥青,干净的金属弹体送到金属回收处,最后冲洗的残渣被烧掉。

这种设备还有一定数量的汽冲工作台,用于处理口径 127mm 或者更小一点的弹丸。这些弹垂直放置,打开底部,放在小工作台的支架上,周围加蒸汽,直到炸药熔解流出。

这种设备主要的问题是许多 TNT 蒸汽沉积到工作台上面,必须经常定期清理。炸药去除主要依靠热蒸汽的熔化作用,几乎很少或者没有剥离作用,因此这个方法对仅含 TNT 的炸药最有效,而对含有高百分比的不熔组分,如 RDX、HMX 和 Al 无效。

水蒸气可以扩展充满到不规则的空隙中,与炸药密切接触,热交换优于热水;另一个优点是仅有的废水是蒸汽冷凝水,并且在脱水阶段被蒸发,因此基本上没有废水处理问题。

此外,尽管认为蒸汽倒药仅限于 TNT 装药,但 Grane NWSC 已成功地把它用于特里托纳儿和 HBX(高爆炸药)。但一些人的研究则仍坚持认为必须主要考虑 TNT 装药。

尽管蒸汽倒药不是一个通用的方法,但国外许多部门均有蒸汽倒药设备。在 Ravenna APP 为除去装填在 90~150mm 弹丸中的 TNT 和 B 炸药也安装了一套这样的设备,它是在一个蒸汽台上向弹丸外部施加蒸汽,而不是把蒸汽冲入弹丸内部。

2.9 高压水倒药技术

高压水倒药方法及原理即对于装填有受热不软化或不熔融高能炸药的装药弹体的倒空,是采用由高压泵产生的高压水经喷嘴形成高速水射流喷射到炸药表面,在高压水射流的冲蚀作用下,使药柱一层一层由外及里产生剥离,并从弹腔中脱落下来,脱落下来的炸药随回流水流出弹腔,从而完成倒空作业。

美国的高压水射流装置主要由高压水射流系统、倒药执行机构、液压系统、弹丸装卸、炸药回收与水的循环利用、监视与控制等六部分组成,如图 2-6 所示。

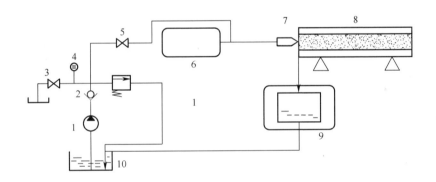

图 2-6　高压水射流装置

1—高压泵站;2—单向阀;3—溢流阀;4—压力表;5—截止阀;6—电动机驱动装置;7—高压喷头;
8—火箭壳体;9—推进剂分离澄清池;10—水储罐及水流回路。

我军高压水倒药技术的研究起于 20 世纪末,到 2001 年研究开发出国内第一套高压水射流倒药系统。该系统利用高压泵产生的高压水,经管路送至多孔喷嘴,在喷嘴处产生每秒数百米、直径约 1mm 的高速水射流,该水射流对弹药装药的冲蚀剥离,即可将炸药破碎成一定尺寸的颗粒,并随水流出弹腔。炸药与水的混合悬浮液,经过物理过滤,实现炸药的回收,滤出炸药的工业用水可以循环使用。

我军的高压水射流倒药系统由高压泵、清药机,过滤分离机构、液压系统、水循环系统和控制系统等部分组成。

2.10 有机溶剂冲洗技术

有机溶剂冲洗法是利用有机溶剂的溶化作用、高压冲刷作用以及选择性溶解作用,去除炸药装药并回收其组分的方法。溶化作用可增强溶剂对装药的破碎效果;选择性溶解作用可把混合炸药分离成可溶的和不可溶的组分。

适用于二组分炸药的有机溶剂应具备:①沸点较高;②蒸汽压较低;③对一种组分有良好的溶化作用;④对组分有选择溶解性;⑤与炸药组分相容,具有热稳定性和化学稳定性;⑥对操作人员无毒性危害。

美国曾选用甲苯进行 B 炸药的倒空试验。20℃和50℃黑索今在甲苯中几乎不溶,当用甲苯冲洗出 B 炸药时,不溶性的黑索今将沉淀在冲洗槽底部,易于回收;20℃和50℃的 TNT 在甲苯中溶解度相差约 4 倍,当溶有 TNT 的甲苯溶液从 50℃冷却到 20℃时,TNT 将从过饱和溶液中沉淀出来。

试验装置由冲洗槽、沉淀槽、有机溶剂储槽、加热槽、电热水器、弹丸托架、喷头装置及两台气动隔膜泵组成。首先打开电热水器将水加热到 75℃,用气动隔膜泵把热水送入浸没在甲苯中的蛇形管热交换器中,通过自动控温仪使甲苯温度保持在 50℃。将弹丸安放在托弹架上,开口对准下面的喷头,开动气动隔膜溶剂泵进行喷射,通向喷头管道的溶剂压力为 0.10~0.28MPa,弹丸中的 B 炸药便迅速地被冲洗出来流入冲洗槽。此时 TNT 溶解于热的甲苯中,黑索今处于不溶解状态。富含 TNT 的溶液再经过沉淀槽流入溶剂储槽,降低温度回收 TNT,不溶的黑索今在冲洗槽中大部分沉淀,剩余的在沉淀槽中沉淀出来。

在试验中用甲苯倒空 105mm 炮弹弹丸、89mm 火箭弹战斗部,每种弹装有约 2.3kg 的 B 炸药。105mm 炮弹装药在 1min 内被完全冲洗出来,前 6min 倒出约 80% 的药量,受到喷嘴方向的限制,射流冲刷不到的炸药部分,只能依靠慢慢地溶化作用去除;89mm 火箭弹装药倒出需要 9min,前 3min 冲洗出约 70% 的药量。有机溶剂冲洗法对两组分炸药的分离和回收能一次完成,并且喷射射流的温度和喷射压力较低、能耗较小。有机溶剂冲洗技术也可用于冲洗炸弹、地雷和其他弹药的二元炸药并回收其组分。此法分离、冲洗简单;炸药组分的分离、回收一次完成,冲洗温度和压力都大大低于其他方法,能耗少;使用无腐蚀作用的有机溶剂,可减少维修。

第3章 可控烧炸毁技术

3.1 TNT熔化雾化烧毁技术

TNT熔化雾化燃烧系统工作原理是：将TNT在81~120℃熔化，然后利用高速流动空气雾化，并由高压点火电极点燃，实现TNT雾化燃烧。TNT熔化雾化燃烧系统主要由四大部分构成：供料系统、雾化系统、点火系统和控制系统，结构示意图如图3-1所示。供料系统由TNT熔化箱、TNT恒温箱组成；雾化系统由空气压缩泵、压缩空气调压阀、空气雾化喷嘴组成，点火系统由高压点火线圈、火焰探测器和点火电极组成；控制系统对供料系统的TNT量、TNT温度、喷雾情况和燃烧情况进行检测控制，对整个燃烧过程进行程序控制。

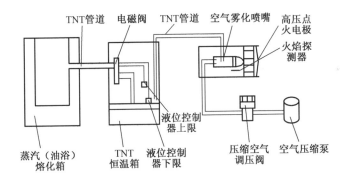

图3-1　TNT熔化雾化燃烧系统结构示意图

柱塞泵和屏蔽泵的结构特点决定了它不适于液态TNT的加压，如果要针对液态TNT易燃易爆和高温的特点进行泵的改造，其改造成本必然很高，且不一定能实现TNT雾化燃烧的实用化要求；目前采用氟橡胶的隔膜泵最高耐温可达180℃，但要实现较长时间运行还不可能。借鉴高压泵喷漆原理，设计了如图3-2所示集吸液、雾化、喷雾为一体的喷嘴。其雾化原理是：高速流动空气经喷嘴的4个斜向变形进口槽，形成具螺旋旋转的气流，并在气液混合腔液体进口通道处形成负压,将液态 TNT 吸入气液混合腔;液态 TNT 在气液混合腔受旋转空气流的切向剪切、正向挤压,形成细小颗粒,并被空气膜包覆,形成空气泡;当离开喷嘴后,由于喷嘴外压力陡降,空气泡膨胀、破裂,形成超细雾滴,TNT 被雾化成 30~50μm 小颗粒,并被点燃。

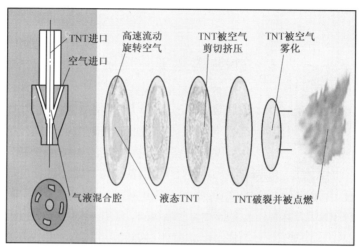

图 3-2 空气雾化喷嘴结构和雾化原理图

为了确保 TNT 安全而又可靠的燃烧,必须严格控制燃烧的三个环节:一是只有流通管道、恒温箱的 TNT 温度等达到设定的 90~100℃范围,系统才能启动高压点火和开始 TNT 雾化;二是启动雾化空气调压阀前,高压点火电极先行点火,确保雾化喷嘴喷出的 TNT 即时燃烧,防止过量 TNT 积累;三是启动雾化空气调压阀 6s 后,火焰探测器启动,若未检测到 TNT 燃烧火焰,控制系统立即关闭供料系统、雾化系统和点火系统,只有人工复位才能重新启动。图 3-3 为 TNT 熔化雾化燃烧程序控制流程。

在国内,对军队报废弹药销毁处理过程中回收的 TNT,过去主要用于民用爆破;而现今由于国家政策调整,民用爆破已禁止使用 TNT,唯有在起爆具中使用少量 TNT。所以,目前军队报废弹药销毁处理过程中回收的 TNT 库存量大、潜在危险性大,而采用露天焚烧办法进行处理则环境污染大,且不能做到能源再利用。

在国外,最简单的办法是将 TNT 与煤粉混合,降低其感度和危险性,然后再进行燃烧,但管理难度大,操作流程繁杂;有的通过化学处理生产化妆品、油漆,但生产设备复杂、生产成本高,而且在生产过程时又产生污染。

相比而言,采用熔化雾化燃烧技术处理过期报废 TNT:一是处理彻底、无污染,且实现了能源再利用;二是处理场所要求低,处理成本低,处理设备操作简

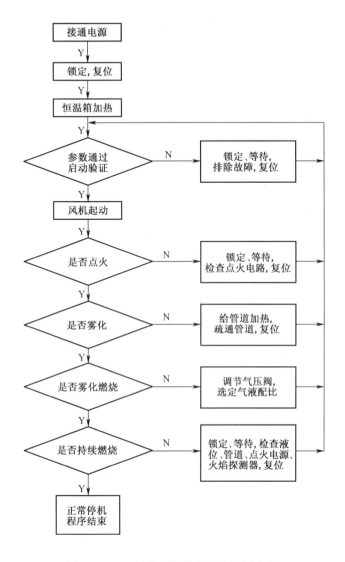

图 3-3 TNT 熔化雾化燃烧程序控制流程

单,很适用于军队就地处理报废弹药销毁过程中产生的 TNT。

试验表明:TNT 雾化燃烧效果与液态 TNT 的温度有较大关系,温度越高,液态 TNT 的黏度降低越多,更易雾化,但其温度又不能太高。综合考虑安全和燃烧效能两个因素,液态 TNT 的温度设定为 100~120℃较为适宜。另外,为防止对 TNT 直接加热时,局部温度超高而引起 TNT 燃烧甚至爆炸,采用导热油或热空气间接加热,其雾化试验如图 3-4 所示。

图 3-4 TNT 雾化试验图

3.2 等离子体弧光销毁技术

等离子体技术是利用等离子体获得高温热源的一项技术。等离子体是指处于电离状态的气态物质,其中带负电荷的粒子数等于带正电荷的粒子数。等离子体是使电流通过气体而产生的,即电流使气体加热到6648℃以上时,气体便成电离状态。

等离子弧技术采用电动等离子体弧光喷射器工作,喷嘴产生高达11093℃的热,利用11093℃高温下产生的两个电极间或电极与地线间的等离子弧,获得高温热源,销毁弹药,主要是废弃的小型组装烟火弹药。由于产生大量颗粒物质和局部温度危险点,因此小型组合烟火弹药难以采用露天焚烧/露天爆轰或常规焚烧技术销毁。与熔炉相比,等离子弧技术的排放物尽管相对安全,但是爆炸材料的处理能力却有限。

MSE-TA公司为美军霍索恩弹药库设计的等离子体弹药销毁系统(pla-sma ordnance demilitarization system,PODS)为固定式系统,主要由以下几部分组成:两台传送带供料器;第一燃烧室(水冷炉膛);移动式和非移动式等离子体弧光喷射器各1台;熔渣收集室;第二燃烧室;污染控制与排气系统;烟道气分析系统和水处理系统。美国陆军研发了一套等离子武器销毁系统。该系统为预装入大量已熔化成炉渣的铁屑和泥土的小室,弹药被送入小室,掉入正在燃烧的炉渣中,炉渣上方的气体富含氧气,足以毁坏或氧化全部有机和无机物质。小室内的气体温度一直保持在1093~1371℃之间,而炉渣池的温度高达1371~1649℃。炉渣可用于处理所有危险物质,并通过了环境保护机构的沥滤试验,因此可当作非危险废物处理。每批次处理的HD1.1或1.2材料有限,约90g。等离子武器销毁系统通常包含一套可用于处理热废气的污染控制系统,尽管与利用矿物燃料点燃的熔炉相比,等离子武器销毁系统的排放物已大量减少,但这两种系统配用的污染控制系统是相似的。美国陆军还研发了一套更小型的移动式等离子处理系统(mobile plasma treatment system,MPTS)。该系统的容积仅是上述等离子武器销毁系统的1/3,可利用8~9个制式拖车运输,占地面积为30.5m×30.5m。尽管容积降低了,但由于该系统未安装耐火砖、壁更薄,因此实际每批次可处理更多的HD1.1或1.2材料(150g)。

当形成等离子体的气体喷入喷射器电极与阴极之间的空隙时,移动式等离子体弧光喷射器就产生高温等离子体,喷射器启动并保持在喷射器电极与导电炉膛和熔融液之间进行直流电放电;喷射器在炉膛底部启动,被处理材料熔化并被加热到导电温度。然后,喷射器向外移动以加热熔炉底部的剩余材料,这样就形成了温度约1648℃的导电熔融液。这种熔融液易于接受供料器供给的材料。

当形成等离子体的气体喷入喷射器电极与内部电极之间的空隙时,非移动式等离子体弧光喷射器就产生高温等离子体。产生的等离体气流与炉膛和熔融液的导电率无关。喷射器用内部启动电流启动。供料期间使用非移动式喷射器,以便使含能材料对弧光的影响最小,也可清理第一燃烧室熔融液槽侧壁上可能聚集的固化材料。

待处理材料缓缓送入炉膛,固体材料进入熔融液槽被熔化。为确保氧化条件,供料期间向第一燃烧室补充氧气。达到炉膛容量时,供料器停止供料、炉膛出渣。熔渣即熔融液排入熔渣收集室时直接注入208L的标准筒里,冷却之后去除铸模。熔渣浇铸量一般为453kg。根据操作条件和供料速度,处理期间每3~4h浇铸1次。

PODS的最终产物是玻璃状陶瓷熔渣、烟道气和污泥。熔渣由晶体组成,可回收用作道路填料或磨料。经第一和第二燃烧室处理后排出的烟道气,先用湿式洗涤系统处理,去除酸性气体、挥发物及90%~95%的夹带颗粒物,再用袋式除尘器处理以确保除去全部颗粒物,用选择性催化剂反应器和氨水去除NO和NO_2。烟道气洗涤液用氢氧化钠-硫化物沉淀法和反渗透法处理。洗涤液处理系统中产生的污泥在多数情况下符合毒性鉴定浸出法的极限要求,若不符合要求,可将污泥作为危险废物再处理。

3.3 封闭式可控烧毁技术

封闭式可控烧毁技术主要指加热炸药废物,使其分解,包括多种热处理、热破坏和热销毁形式,该技术主要指利用外部热源进行可控的和密闭的处理方式,不包括露天及密闭燃烧。

焚化炉又可称为炸药废物焚化炉、危险废物焚化炉、钝化熔炉或简单地依其类型命名,如旋转熔炉。尽管静态熔炉和旋转熔炉可能装配装甲,以应对适中的爆炸效应,但焚化炉与引爆室不同,抵御爆炸效应并非其主要功能。

在弹药销毁应用领域,焚化技术包含静态熔炉技术、旋转熔炉技术、活动底熔炉技术、流化床技术、熔融金属热解技术和间歇进料废弃火箭发动机装药焚烧系统。

1. 静态熔炉技术

静态熔炉为密封室,可加热内部物质,并引发爆燃或爆炸。瑞典 Dynasafe AB 公司生产了一系列静态熔炉,利用间接加热法可使排放物中无多余气体。这些熔炉的爆炸品净量为 800g~10kg,公司声称其销毁能力是每小时 40kg。它们可连续点火,而无法连续送料。与密闭引爆室不同,静态熔炉不采用主发装药引发爆炸,而只是燃烧或爆燃作用。除可处理少量高能炸药或发射药外,静态熔炉技术还是销毁轻武器和其他小型产品时旋转熔炉的可替代技术。

瑞典 Dynasafe AB 研制的 SDC 系列静态弹药销毁系统,其工作原理是:待销毁弹药通过进料系统进入翻转式电销毁炉,通过间接电加热焚烧火炸药,产生的尾气通过过滤和净化处理,达到排放标准。具有自动进出料、间接加热、尾气处理等功能,可直接用于小口径、小当量弹药及化学弹药销毁处理,对大口径弹药需要采取切割预先处理。其设计理念突出绿色环保,但不回收炸药,且配套建设投入大,维护运行成本高。

SDC1500 静态销毁炉由进料系统、装料室 1、装料室 2、销毁系统、卸料系统和基础支撑系统组成,其工序包括进料准备、进料箱运载、销毁室销毁、清空销毁室和卸料,静态熔炉主体图如图 3-5 所示。

(1) 进料准备。销毁物被重新包装到与进料系统匹配的进料箱里,该进料箱可采用塑料载物盘或可承受机械搬运强度的硬纸板箱。该项操作在准备区域完成,根据待处理销毁物的不同种类,可能需要不同种类的进料箱。使用标准尺寸的进料箱,可避免根据不同的弹药来重新改装进料系统。只要进料箱的尺寸在下面规格范围内,则无需对进料系统做其他改动。任何对进料箱的超规改动都必须经 Dynasafe 的认可,确保进料箱与进料系统兼容。

进料包装的最大尺寸(长×宽×高)为 800mm×250mm×250mm。

进料包装的最小尺寸(长×宽×高)为 400mm×240mm×240mm。

(2) 进料箱运载到销毁室。将销毁物放入进料箱,准备完毕后,进料箱将被放入进料区的装载运输机 1 上,最多可放置 8~12 个箱子。箱子通过控制系统

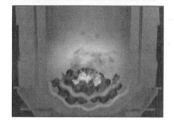

图 3-5 静态熔炉主体图

自动均匀间隔排列在运输机上,避免因一个箱子爆炸而引起殉爆。将进料箱放入装载运输机 1 上后,所有人员离开装料区。控制室操作员启动自动进料程序。

装载运输机 1 运转,直到第一个箱子到达装载运输机 2,装载运输机 2 将箱子逐一运送到升降机。升降机将进料箱运送到装载运输机 3 支架,这时,一个推杆将箱子推入装载运输机 3。如果必要,装料程序将暂停,直到已装载的进料箱完全销毁。这取决于控制室操作员根据预处理弹药类型所设定的最小运行时间。这时装料室 1 的闸门 1 开启,推杆继续将进料箱一直推入装料室 1。这时闸门 1 关闭,并且用充气密封圈密封,闸门 2 打开,另外一个推杆将箱子推入装料室 2 中的送料架。推杆拉回,闸门 2 关闭,并且用充气密封圈密封。装料室内带有可旋转装置,该装置包括一个带有平衡装置的防弹片重型阀门和用于接收进料箱的送料架。送料架和防弹片阀门互相垂直。送料架水平时,用于接收进料箱,防弹片阀门与之垂直,用于保护装料室免受冲击波、静态压力、气体、热量、灰尘和弹片的影响。通过装料室顶部的液压缸对装料室底部的阀门座施加压力,以实现防弹片阀门的气密性和抵受来自销毁室的冲击压力。

为使进料箱可以掉入销毁室,先使液压缸从平衡装置脱离,从而使防弹片阀门从阀门座脱离,然后旋转装置旋转90°,这时送料架与装料室出口对齐,进料箱即可通过装料室出口进入销毁室。不久之后,旋转装置复位,液压缸压在平衡装置上使防弹片阀门与阀门座重新啮合。

(3)销毁室中销毁。装有销毁物的进料箱进入销毁室以后,停留在装有热残渣物质的销毁室底部。这时进料箱很快会开始燃烧起来,里面的销毁物也随之被加热直到开始燃烧、爆炸或爆燃。具体会产生哪种反应取决于销毁物的大小、形状、限制以及种类。最常见的反应是燃烧和爆燃,销毁物发生爆炸不太常见,但也可能偶尔发生。无论发生哪种类型的反应,销毁室的设计都可以承受大量冲击波和爆炸弹片的冲击,因为它就是基于销毁物发生爆炸并且产生冲击波、高准静态峰值压力和高速弹片的情况下所设计的。

销毁室由内层罐体和其外层罐体组成。内层罐体由厚钢板制成,可以起到弹片防护的作用。对于弹片的磨损,内层罐体具有很高的耐久性。弹片磨损很大程度上取决于所处理的销毁物的类型。比如,完整的高爆炮弹在销毁室内持续不断发生爆炸而非爆燃将会产生高速弹片,对罐体造成更多磨损。被切割的弹药、带塑料包装的反步兵地雷、引信、安全气袋、外露的炸药或者是那些会发生爆燃而非爆炸的小型武器等,会产生低速的弹片,对罐体的磨损较少。弹片不会在内层罐体(无论是新的还是磨损的条件下)造成穿孔,因为那需要大量来自弹片的动能。然而,如果由于某些原因内层罐体被穿透了,比如在同一个位置受到大量连续的冲击,这时外层罐体将充当备用弹片防护容器。如果内层罐体被穿透了,马上就会被探测到,因为会从冷却空气管冒出烟来。内层罐体被认为是易损部分。需要对它的磨损情况进行定期检查,如果达到磨损极限则需要更换一个新的内层罐体。该系统有多个用于探测爆炸的感应器,有静态压力感应器(慢速性)和声音感应器。这些感应器监控和记录的时间关系曲线图,可以用来调整销毁某种特定类型的弹药所需要的最少运行时间。该运行时间将会应用于计时器软件,以此来控制此种特定类型弹药的下一次进料。

销毁室的加热是通过销毁室和外层罐体之间的两个加热组件产生的热量。加热的空气在操作过程中也会持续不断地加入销毁室,来提供维持销毁过程中所需要的热量和氧气。如果温度上升远超设定温度(500℃),销毁室需要冷却,可通过外部空气降温,通过气冷系统将空气吹入外层罐体和销毁室之间的冷却法兰来加速热量流失。由弹药爆燃或爆炸产生的气体将被吹入缓冲罐,继而进入尾气处理装置。销毁发射药时,销毁室可能需要冷却。通过自动控制系统来保证销毁室内部温度恒定,并且该控制系统能够控制加热组件和冷却系统。在销毁过程中,销毁室内部的温度和压力通过控制系统监控和记录下来,处理销毁物的过程中会产生气体、固体和粉尘。固体物质会残留在销毁室内,而气体和大部分粉尘会通过排放管排出,它们在排放过程中也会被追踪加热以避免冷凝。粉尘和气体通过缓冲罐,一些粉尘会在缓冲罐中被分离出来。缓冲罐的作用是为了在气体到达下面的尾气处理系统之前减少和吸收来自销毁室的潜在超压峰值。缓冲罐内堆积的粉尘会被定期清空到一个200L的密闭容器内(商用现成品)。容器是否可以重复使用,取决于容器内所装的物质。

(4) 清空销毁室。一般来说,销毁室内的废料堆积到内部高度的50%左右时需要清空一次。在清空销毁室之前,必须要保证经过至少30min的"彻底燃烧时间"(最后一次进料在最小运行时间之后开始计算),这样做是为了保证打开销毁室时的安全。系统用一个连锁装置来确保在未确定或未经过彻底燃烧之前无法打开销毁室。清空过程首先要打开锁闭环,然后通过液压千斤顶使销毁室下降,从装料室出口脱离。然后销毁室旋转,里面的废料掉入销毁室底部的废料箱内。一般来说,销毁室不要彻底清空,留一少部分废料来进行下一个操作周期是比较可取的做法,这样可以延长销毁室的使用寿命,因为废料可以保护其底部免受弹片的冲击。最后,通过反向操作使销毁室复位到原来的正常操作位置。

(5) 卸料。废料箱可以容纳多次销毁室清空过程所产生的废料。清空废料箱首先要打开底部舱门,用叉车将废料箱运送到操作场地以外的垃圾分选系统。叉车是一件必需的处理设备,但是不包括在供货范围内。废料箱的尺寸大约是1700mm×1700mm×800mm(长×宽×高)。

SDC1500型密闭式弹药静态销毁系统是瑞典DYNASAFE International公司设计制造的一种安全、环保、经济、高效的弹药销毁设施,主要用于销毁各类口径的枪弹、炮弹、迫击炮弹、手榴弹、地雷、引信、起爆药管以及散装炸药、推进剂、发烟弹、照明弹、白磷弹等,已在多个国家使用。

SDC1500销毁系统具有销毁处理弹药种类多、通用性好、单位时间处理的装药TNT当量大、效率高、噪声隔离以及废气、重金属处理环保性能好的明显特点。SDC1500可用于除航空炸弹、导弹战斗部及火箭发动机以外几乎所有我国现役及退役航空弹药及危险部件的销毁,主要包括:23mm、30mm航空炮弹,杀伤类火箭弹战斗部,杀伤类航空子母炸弹子弹药,航空炸弹、火箭弹及炮弹引信,引信旋翼控制器、抛放弹、雷管等火工品,导弹用火工品器件等装药危险品。特别适用于整装航空炮弹及航空引信的一次性销毁。

主要技术指标如下:

(1) 每次最大投药量:

1.5kg TNT当量(不切割投放);

4.5kg TNT当量(切割投放);

6kg推进剂。

(2) 进料:

进料盒尺寸 250mm×250mm×600mm;

最小投料间隔为 3min;

每次投入的弹药装载盒的重量为 50kg(TNT 当量小于 1.5kg)。

(3) 工作效率:

平均每小时销毁 1340 发(23mm 炮弹弹丸);

平均每小时销毁 550 发(30mm 炮弹弹丸)。

(4) 出渣条件:炉渣容积大约达到 1200L(炉容积的 50%)。

(5) 废气处理排放:满足欧盟焚烧炉排放标准 2000/76/EC。

(6) 设备噪声:小于 75dB。

(7) 工作温度:0~40℃(建议 5~40℃)。

(8) 启动时间(系统完全冷却至正常工作):

SDC:大约 3~4 天(预热);

OGT(废气处理):大约 6h。

(9) 耗电量:

① (SDC+OGT(湿法))

额定功率:约 88kW;

最大功率:≤88kW×150%;

待机功率:约 52kW。

② (SDC+OGT(干法))

额定功率:约 80kW;

最大功率:大约≤80kW×150%;

待机功率:约 48kW。

(10) 电源:3 相 380V/50Hz。

结构组成如下:

SDC1500 系统主要 SDC 和 OGT 两大部分组成,如图 3-6 所示。

图中左边小框为 OGT,右边大框为 SDC。其中 SDC 完成爆炸物的输送和烧毁,OGT 则用于处理烧毁过程中产生的废气和重金属,使之达到规定的排放标准。

SDC1500 系统按场地布局可划分为 OGT 作业区、SDC 作业区、装料作业区、暂存区、电气室和控制室等 6 大功能区。SDC 作业区与 OGT 作业区和装料作业区之间有 300mm 的防爆墙。

SDC 主要由输送带、升降机、进料口、爆炸室、收渣箱等部件组成,OGT 主要由废气缓冲罐、废气处理系统、气管等部件组成,如图 3-7 所示。

图 3-6　SDC1500 系统

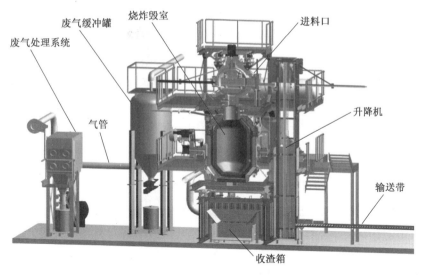

图 3-7　SDC1500 结构示意图

SDC1500 系统运行需要以下条件：

① 厂房：厂房由 OGT 作业区、SDC 作业区、装料作业区、暂存区、电气室和控制室 6 个部分组成。

② 水：用于废气处理。

③ 电：用于物料输送和销毁炉加热，为 380V 三相交流电。

④ 天然气：用于废气吹除和加热。

⑤ NaOH 和碳酸氢钠:用于废气处理。

⑥ 工作人员:4人,其中两人负责上料,一人负责操控设备,一人负责维修保养。

2. 旋转熔炉技术

旋转焚烧炉的主体是可旋转的圆筒形炉体,内有耐火钢衬里,通常由多段通过螺钉连接的蒸器或室组成。这些蒸器可以像传统熔炉那样连接在一起,也可以由装配装甲、厚80mm的钢制成,以抵御破片和爆炸效应。它依靠一个传动轮低速转动,转速为 0.1~0.52rad/s。不同类型的弹药烧毁时间不同,可以根据加料的类型调整转速。卧式旋转焚烧炉倾斜放置,入料口高,出渣口低,倾角为 2°~5°,由燃烧器将燃料石油(天然气或丙烷)喷入窑内,在窑内燃气温度为 316~820℃。该熔炉可配用制式输送带填料系统:当熔炉旋转时,利用旋转斜轨和重力,将废物以阿基米德螺旋的形式输送至蒸器。在进料口处为防止内部烧毁品爆炸破片飞出,采用一个羊角形分叉结构,这样可以更好地将散装颗粒料分散开。斜轨可实现熔炉的连续作业,并防止材料之间发生交感干扰。此外,熔炉还可配用强制进料系统,使用撞锤将填料容器填入熔炉。这种配置由于可避免发生洒落现象,因此通常用于处理散装柱状炸药或粉末状炸药。通过管道将燃烧产生的气体收集输送到污染处理系统,进一步净化处理,达标排放,燃烧后的固体残渣、碎金属片、灰分,由输送带倒出,转化为循环利用的普通垃圾。

美国的旋转焚烧炉由供料输送装置、砖窑炉、排烟系统、控制室等组成。旋转焚烧炉在外形上与转窑焚烧炉很相似,两者的区别在于内部结构不同,转窑焚烧炉内衬耐火砖,炉内没有螺旋挡板,而旋转焚烧炉没有耐火材料内衬,配有螺旋形挡板,挡板能沿着炉子向下推动焚烧物,并能阻止局部爆燃在炉内的传播。旋转熔炉技术可用于处理散装发射药、高能炸药、轻武器和小型可引爆产品,例如引信、雷管和爆竹,其高能炸药处理能力视其壁厚而定。熔炉通过控制旋转速率、改变废物滞留时间的方法来实现不同类型弹药的简单处理,一般滞留时间为 30min。

最常见的旋转熔炉是 APEl236 钝化熔炉,APEl236 可用于小型爆炸产品(轻武器、引信和爆竹等)、散装发射药,并冲刷更大口径弹药(76~120mm),如去除剩余的炸药污染物。该设备炸药量极限是,在每秒一个产品的填料速率条件下,墙厚57mm时每件的炸药量不超过39g,墙厚83mm时每件的炸药量不超过52g。经改造后,APEl236M1 型配有后燃室(排放气体温度为1700℃)、高/低温气体冷却器、旋风分离器和袋滤室(用于污染控制),可满足《资源保护及恢复法案》中对危险废物焚化炉的要求。APEl236M2 是最新型号,配有改进的陶瓷袋滤室,升级了控制面板,去掉了高/低温冷却器。

3. 活动底熔炉技术

该技术可用于炸药污染废物的焚化和冲刷,包括固定式耐高温有衬炉和配有(从外部直通熔炉)轨道的小车,从而实现大量填料的成批处理,并大幅提高弹药销毁的安全性。炉底配小车和轨道的熔炉通常作为旋转熔炉的辅助设备,共享同一套污染控制系统。

4. 流化床技术

流化床燃烧室利用向上的气流使固体炸药废物悬浮,产生紊流混合物来辅助燃烧。流化床燃烧室的一般温度约为800℃,最低限为500℃,其优势在于可提高燃烧效率,在更低的温度下实现近完全燃烧。同时,更低温度还可抑制形成酸性气体(如 NO_x),并且利用氨水作为添加剂,也可进一步抑制形成 NO_x,从而解决高含氮量废物流处理时的问题。

利用流化床燃烧室焚烧炸药废物的研究已开展多年,20世纪70年代的确也在新泽西州匹卡汀尼兵工厂搭建过样机,然而,该技术目前已被弃用。仍在使用的是利用流化床燃烧室焚烧诸如控暴剂和烟火药剂这类材料的工厂,如阿肯色州的派因布拉夫兵工厂。然而,烟火药剂用流化床焚化炉会受到焚化过程中形成轻金属盐的限制,从而阻碍流化床作用。

5. 熔融金属热解技术

熔融金属热解技术主要指有机炸药废物在缺氧条件下加热分解,其产物一般为可燃性气体,可做燃料使用。它利用温度约为1650℃的金属(通常为铜、铁或钴),产生气体和炉渣。尽管可十分有效地销毁有机物,但是排放气体仍需处理,且作业条件难以实现、费用高,常规弹药销毁处理很少用到。

6. 间歇进料废弃火箭发动机装药焚烧系统

美国加利福尼亚州建起了1套间歇进料废弃火箭发动机装药焚烧系统,该系统由2个单元组成,第一单元是由高压水枪将火箭装药切割成块状物料,分离出氧化剂如AP(可溶性材料)使推进剂钝感并回收氧化铝,同时在浸泡池中提取黏合剂组分。第二单元就是焚烧炉,它包括1套洗涤设备。由于火箭装药中的氧化剂已在第一单元除去,因此需向焚烧炉供给空气,故称为充气式焚烧炉。该焚烧炉为复式结构,初级燃烧室和二级燃烧室仅一墙之隔,燃烧气体经初级燃烧室末端的通道进入二级燃烧室,2个燃烧室温度可由水冷却装置控制,初级燃烧室操作温度约为1283K,二级燃烧室温度约为1422K,由二级燃烧室进入洗涤塔的气体温度由另一个水冷却装置控制,气体经过2个文丘里洗涤塔后温度降为811K。2个文丘里洗涤塔串联起来组成气体污染控制设备,在洗涤液中加入苛性碱以去除酸性气体。第一阶段文丘里微分压降为7.1kPa,第二阶段约为27.4kPa。烟囱上留有许多小孔,一些用来安装气体采样探针,另一些用来安装连续排放物分析器,连续检测到的排放物主要有氧气、一氧化碳、所有的碳氢化合物、二氧化硫及氮的氧化物等。该工艺污染物排放达到了美国燃烧执行标准。

3.4 可控引爆技术

密闭引爆技术又名可控引爆技术,主要指利用主发炸药在引爆室内引爆材料,控制爆炸引起的热、压力、冲击波和噪声效应,并处理排放物质,可大幅提高销毁弹药的本质安全性。密闭引爆室系统分移动式和固定式两种,包括引爆室、膨胀室和空气污染控制装置。引爆室通常是一种设有通风口的大型钢容器,在其天花板上悬挂有水袋,以减小热和压力;在其后部设有通风口。通风口在引爆后立即打开,让爆炸产生的排放物通过膨胀室,排入空气污染控制装置。去军事化国际公司约翰·多诺万研发的多诺万密闭引爆室是目前最常见的密闭引爆设备。

多诺万密闭引爆室实际上是一个大型钢制压力容器,由内、外两层钢板焊接而成;钢板间的空隙填充有干硅砂,以减少噪声和振动;可替换的装甲板覆盖在内墙上,以防破片破坏;地板铺有一层沙砾,以保护地板;破片杀伤弹药被主发炸药包住,以进一步减少弹片;水袋悬挂在天花板上,以便为引爆室降温。

密闭引爆室虽然不适于工业化规模的销毁作业,但适用于下列情况:密闭引爆室可被运到现场,在现场销毁未爆子弹药;销毁试验用弹或样弹的数量少且种类多,适用此法;销毁危险性级别高的弹药,对其实施拆分作业或露天焚烧/露天爆轰不安全。

美国西南研究所设计的两种形式的爆炸洞:一种是钢质圆顶、水槽式隔板筒形钢筋混凝土爆炸室;另一种是钢筋混凝土圆顶、水槽式筒形钢筋混凝土爆炸室。这两种爆炸洞设计的独特之处在于采用了阻止破片飞散的水槽装置。该装置的优点是:可使飞散出的破片减速,使之既逸不出水面,也不撞击槽壁;经水介质传播后爆炸冲击波强度有所减弱,从而减轻顶盖的负载;水中可以收集所有的破片,便于清理;火炸药爆炸的部分产物被留在水中,减少废弃物的排放。同时,因为空气比水更容易削减冲击波的强度,所以在水槽式爆破装置中,使用空气筒盛装弹药,以便在弹药与水之间形成空气层,减弱冲击波的强度,另外,水槽内侧壁的泡沫板也能起到减弱冲击波强度的作用。

瑞典博福斯 AB 和戴娜瑟夫 AB 两家公司提出了在钢质销毁室里由激光点火系统完成点火直接炸毁或烧毁弹药的方法。销毁钢室的大小取决于每次引爆的炸药最大药量。实践证明,对于 TNT 炸药一次销毁上限重量为 25kg,这时的销毁钢室的直径大约为10m,高为8m。如一次销毁10kg,则钢室直径可降到7m,高度可降到6m。如果一次销毁TNT最大量为3kg,则相应的尺寸可分别降到直径为5m,高度为5m。该完整销毁系统组成包括:手工或遥控拆卸设备、熔药溶出设备、小口径弹药烧毁炉、大口径弹药钢质销毁室。其中钢质销毁室包括钢室(石头作为内衬)、上料装置、起爆装置、气体收集装置以及碎片回收装置。

近年国内也有人研究采用封闭硐室(爆炸洞或塔)处理废旧弹药的方法进行了硐室内爆破销毁的设计与实施;对塔内废旧弹药的爆破销毁进行了研究,设计了爆炸洞法进行废旧弹药的爆破销毁。总的来看,封闭销毁法的安全性、可靠性、作业条件、综合效益等优于露天销毁法,但是初期投资较大,适合于经常性组织销毁的单位使用。

爆炸洞是指一定的爆炸物在其中爆炸时,对周围环境不造成损坏和污染的一种封闭式抗爆构筑物。它能够承受和封闭一定当量的爆炸冲击波及爆炸产物的破坏作用,并有效保护人员、设备和环境的安全。由于应用目的不同,爆炸洞的结构也多种多样,常见的有球型、圆柱型和组合型容器,并有单层结构、多层结构和复合材料结构等多种形式之分。

爆炸洞具有如下优点:

(1)处理彻底不留隐患,能够实现高效炸毁。

(2)爆炸破片能够有效控制,不会发生破片飞散,而且能够回收所有破片,防止危险品的残留,爆炸后回收的某小口径报废榴弹爆炸破片如图3-8所示。

(3)爆炸瞬间,由于爆炸洞密封,有害气体在水介质的喷淋和冲刷下,得到有效净化。当开启爆炸洞顶盖时,可以发现气体已呈现出含水蒸气的白色烟雾,洞内水介质已呈明显的灰黑色,如图3-8所示。

(4)作业条件要求低,能够满足不同条件下作业需求。

(5)操作简单,劳动强度低。爆炸洞法处理废旧弹药可以极大地减轻劳动强度,特别是在匹配了自动化吊装输送装置时,可以实现高度的自动化。

(6)安全可靠,防护措施有保障。爆炸洞法处理废旧弹药不仅强化了起爆点火的可靠作用,而且能够有效抵御破片飞散,减弱冲击波破坏。若配置了相应的监控设备,则还能够实现可视化监控操作和隔离操作。

(7)爆炸洞不仅能够满足全军所有报废弹药处理机构的使用要求,显著提高报废弹药处理能力,减轻全军弹药储存压力,实现合理的弹药储存保障,具有重大的军事意义;而且能够获取金属材料等,从而减轻军事经济负担,提高军事经济效益;不仅能够实现爆炸气体的净化处理,保护生态环境,而且能够实现爆炸破片有效控制,处理彻底不留隐患,确保周边地区人身安全。其洞内爆炸后的破片,效果如图3-8、图3-9所示。

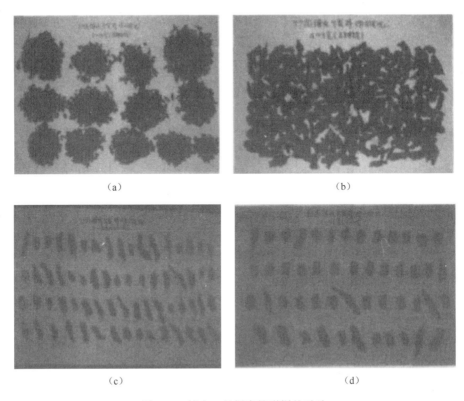

图 3-8 某小口径报废榴弹爆炸破片

图 3-9 爆炸后效果图

第4章 氧化安全技术

氧化技术可用于含能材料的销毁处理,包括氧化还原反应,形成更易处理的少量有毒产物。这些产物均需进一步处理,最为理想的状况是采用常规废物处理系统进行处理。氧化反应的最终目标是,全部有机化合物都转化成无机化合物,如二氧化碳、氮和水。

本章将涉及用于销毁含能材料的工业化规模的化学氧化作用,包括碱解、ActodemiloR、超临界水氧化、熔盐氧化、介导式电化学氧化、湿空气氧化、直接化学氧化、亚当斯硫氧化和光催化氧化。

4.1 碱解技术

碱解是指利用水解反应,将炸药或有毒化学物质转化成少量的炸药或有毒化学物质。水解反应将分子分裂成两部分,加上水分子,形成 H^+ 和 OH^- 离子。集合化学武器评估(ACWA)项目概论较好地阐述了碱解技术在常规武器销毁领域的应用。

碱解技术利用处于高温(60~155℃)和高压条件下、内装强碱溶液的反应容器,含能材料与碱溶液发生反应,通过简单的化学反应进行脱敏,使 EM 废料不再具有爆炸性,并将一种可溶于水的反应混合物供给后续的化学和生物处理,形成多种产物。产物种类因所处理含能材料、溶液与含能材料两者的比率以及反应条件的不同而不同。由于排放物较少,因此碱解技术有望取代热处理技术,用于销毁高能炸药和发射药。除了去除材料的含能特性,水解反应所得产物还具有可溶性,可进行其他处理。

运用碱解技术销毁弹药的工厂包括:

美国联合技术有限公司在加利福尼亚圣何塞的工厂里就设有可处理发射药废物和含发射药材料的碱解车间。碱解车间设有内装氢氧化钠的 560L 反应容器,其处理能力是每天 90.7kg,可采用机械粉碎法减少需处理的废物。废水则作为危险废物处理,需采用场外的适当设备焚化。

某国际公司建立了一个用于处理污染土壤的试验工场。由于新泽西州发射药产地位置的特殊性,无法利用热处理法进行现场处理,也无法将污染土壤运离现场,因此只能采用碱解法处理。该试验工场的处理能力是每天454kg。碱解产物为2、4-二硝基甲苯,仍为危险废物,因此需运离现场作进一步处理。

英国"去军事化2000"项目旨在寻找销毁的替代方法,并提出了一套基于研磨水射流切割、碱解以及光催化与生物除污相结合的系统。该方法的排放物可通过常规污水处理厂处理。该项目已成功完成了30L碱解处理试验。

4.2　ActodemiloR 技术

ActodemiloR 技术是美国阿尔泰克公司的一项专利技术,即利用氢氧化钾的碱解过程:在大气压力和适中温度(70~90℃)条件下,氢氧化钾与腐殖酸结合,形成一种名为 a-HAX 的试剂。处理后,废物流可利用过氧化氢中和。ActodemiloR 每批次的处理时间一般为2~4h。腐殖酸是一种复杂有机酸,分子量平均重量在1000~3000g/mol 之间。采用这种技术处理后,废物可用作安全肥料。

该技术已利用多种发射药和炸药进行了试验。目前,运用 ActodemiloR 技术的工厂包括俄克拉荷马州的麦克阿莱斯特陆军弹药厂、维吉尼亚的雷德福陆军弹药厂、美国部队位于韩国的工厂以及克兰陆军弹药库的新工厂(处理能力为每天1t)。

4.3　Fenton 降解法及组合 Fenton 法

Fenton 试剂(H_2O_2/Fe^{2+})是一种氧化性很强的氧化剂,可以使多种难降解有机物氧化而被除去,其实质是 H_2O_2 在 Fe^{2+} 或紫外光、氧气等的催化作用下与 H_2O_2 之间发生链式反应生成具有高反应活性的羟基自由基(·OH),·OH 可与大多数有机物作用使其降解为小分子有机物或矿化为 CO_2、H_2O 的无机物,Fe^{2+} 还可在一定的 pH 值条件下形成 $Fe(OH)_3$,产生一定絮凝作用,其优点是操作简单、反应快速、可产生絮凝等。紫外辐射可以分解废水中 RDX、TNT、硝胺类等。但该过程中可产生大量副产物,溶液的化学好氧量(COD)还比较高,而且其中污染物种类及其毒性还难以估计,并且工艺处理效率低。其化学反应方程式为

$$Fe^{2+} + H_2O_2 \longrightarrow Fe^{3+} + OH^- + OH· \tag{4-1}$$

$$R-H + OH· \longrightarrow R· + H_2O \tag{4-2}$$

$$R· + Fe^{3+} \longrightarrow Fe^{2+} + 生成物 \tag{4-3}$$

溶液的 pH 值、反应温度、H_2O_2 浓度和 Fe^{2+} 的浓度是影响氧化效果的主要因素。一般来讲，Fenton 试剂的氧化性在 pH 值 3~5 之间为最佳，pH 值的升高或降低将影响溶液中铁的形态分布，降低催化能力。反应温度升高，降解速度加快，去除率增加但并不显著。在反应过程中，Fenton 试剂存在一个最佳的 H_2O_2 与 Fe^{2+} 投加量比，过量的 H_2O_2 会与 OH 发生反应

$$OH· + H_2O_2 \rightarrow HO_2· + H_2O$$

过量的 Fe^{2+} 会与 OH· 发生反应

$$Fe^{2+} + OH· \rightarrow Fe^{3+} + OH^-$$

生成的 Fe^{3+} 又可能引发如下反应：

$$Fe^{3+} + H_2O_2 \longrightarrow Fe^{2+} + H^+ + HO_2· \tag{4-4}$$

$$Fe^{3+} + HO_2· \longrightarrow Fe^{2+} + H^+ + O_2 \tag{4-5}$$

Li 等采用 Fenton 试剂（H_2O_2 10g/L，Fe^{2+} 80mg/L）处理 70mg/L 的 TNT 废水，黑暗处 24h 内 100%TNT 被破坏，其中 40% 矿化；接下来使之暴露于光中，矿化率超过 90%。Arrdrews 于 1980 年报道了利用 H_2O_2+UV 可成功处理 TNT 废水。Zoh 等发现，RDX 和 HMX 中碳最多只有 37% 转化为 CO_2，仍有 63% 甚至更多的有机碳残留，溶液的 COD 可能还比较高，而且其中污染物种类及其毒性还难以估计。因而，为使废水中 TNT、RDX 等与 COD 能同时降解到一个比较理想的水平，需增加反应时间，但这会使该工艺处理效率与经济性受损。另外，该类方法的处理效果与反应时间受废水水质的影响较大，因此在炸药废水处理的研究与应用中，必须针对具体的原水水质选择合适的技术及参数。

成都军区某弹药试验站采用组合 Fenton 法（紫外光—H_2O_2 反应塔、铁铜微电解反应塔、Fenton 反应塔、絮凝沉淀）对 TNT 废水进行处理，出水水质 TNT 含量为 0.3mg/L，处理能力为 1t/h，其设备结果如图 4-1 所示。

图 4-1　组合 Fenton 法处理 TNT 废水设备图

4.4 超临界水氧化技术

水热氧化(HTO)或称超临界水氧化法(supercitical water oxidation,SCWO),是在水的临界温度和压强之上(374℃和22.1MPa)将废料与氧化剂(空气、氧、过氧化氢或其他氧化剂)混合于水中,使废料还原。在临界点之上,水具有与气体一样的(分子)运动特性,超临界流体的密度位于气体和液体之间,具有与气体相似的高扩散率,以及逆溶性,即极易溶解绿色有机化合物,而难以溶解无机盐,并在分秒级的时间内迅速发生反应。由于反应温度比正常焚烧时的温度低,因此,氮氧化物和碳的生成量大大减少。

火炸药生产废水中含有的梯恩梯(TNT)、地恩梯(DNT)、黑索今(RDX)、奥克托今(HMX)、硝化甘油(NG)、硝化棉(NC)等污染物大都是剧毒物质,且易燃易爆,对环境和生态有很大的破坏作用。这些污染物绝大部分是含有硝基的有机化合物,一般难以生物降解。目前对于火炸药生产废水及废物的处理主要采取焚烧法、活性炭吸附、湿式空气氧化法、光化学氧化及光催化氧化、电化学氧化等方法,这些传统的处理方法效率较低,很难达到国家一级排放标准,尤其是处理后的残留物仍为污染物或危险物,需做进一步处理才能排放,因此对火炸药生产废水及废物处理的新技术和新方法有待进一步研究开发。

超临界水氧化反应是在高温、高压下进行的均相反应,反应速率很快(可小于1min),处理彻底,有机物被完全氧化成二氧化碳、水、氮气以及盐类等无毒的小分子化合物,不形成二次污染,且无机盐可从水中分离出来,处理效率可达99.99%以上,完全能够达到国家一级排放标准,实现直接排放或回收利用。超临界水氧化处理技术可用于有机物污染土壤的降解处理,该技术在美国已成功用于火炸药污染土壤的处理。

超临界水氧化技术可用于销毁危险材料(如B炸药等),以及其他处理步骤中产生的废水。该技术要求废物浆必须经过预处理。超临界水氧化技术的关键问题包括设计反应器以应付极端反应条件、由于溶解性变化形成的无机盐沉淀,如图4-2所示。

中北大学采用超临界水氧化技术(SCWO)对DNT炸药生产废水进行了降解试验,结果表明:在选用氧气为氧化剂的条件下,采用超临界水氧化技术可以有效降解DNT炸药废水中的硝基苯类有机物。反应温度、压力和时间是影响废水中DNT去除率的主要因素,其中反应温度的提高对DNT去除率的影响最为显著。在反应温度为550℃、压力为24MPa、反应停留时间为120s的条件下,

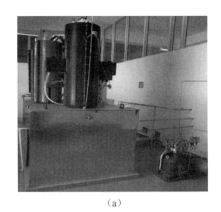 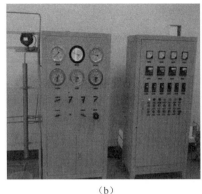

(a) (b)

图 4-2 超临界水氧化处理系统

DNT 废水的 COD(chemical oxygen demand)去除率可以达到 99.99% 以上。利用超临界水氧化技术处理 HMX 炸药废水,在 400~550℃ 的反应温度、22~25MPa 的反应压力下,有机物 COD 去除率在 99% 以上。采用超临界水氧化技术处理 TNT 炸药生产废水,结果表明:在选用氧气为氧化剂的条件下,采用超临界水氧化技术可以有效降解 TNT 炸药废水中的硝基类有机物。反应温度、压力、时间和过氧量是影响 TNT 废水 COD 去除率的主要因素,其中反应温度的提高对 COD 去除率的影响最为显著。在反应温度为 550℃、压力为 24MPa、反应停留时间为 120s、过氧量为 300% 的条件下,COD 去除率可以达到 99.80% 以上。

美国 LosAlamos 国家实验室尝试了采用水解法和超临界水氧化联用的方法,处理过期发射药。首先采用水解法将火炸药转变为非爆炸性物质,然后再通过超临界水氧化法将其氧化分解为 H_2O、CO_2、N_2 等无毒的小分子化合物。目前,美国已在派因布拉夫兵工厂建立了运用超临界水氧化技术的样机,废物处理能力为 36.3kg/h。该技术还被研究用于处理水解系统中排放废物流。

4.5 熔盐氧化技术

熔盐销毁(MSD)法被证明是销毁 EM 废料的安全、有效的 OB/OD 替代方法。其原理是使废药在高温熔融盐的包围中发生氧化反应。熔盐就是一种典型的碱或碱土碳酸盐和卤化物,这种盐具有优良的热传导性,是极佳的反应介质(催化有机物的氧化,将酸性气体如氯化氢中和,并生成稳定的盐,如氯化钠)。熔盐氧化技术利用温度在 600~950℃ 的液态碳酸盐槽,处理废物流。碳酸盐可提供过剩氧量,将含能材料和其他有机废物通过氧化作用转化成简单的气体产物。研究表明,熔融盐可以通过两种方式参与氧化作用:①盐为中性盐,在氧气存在的情况下与材料接触;②采用具有化学氧化作用的催化盐,该盐通过吸收环境中的氧能够不断释放新氧气,以保持氧气的平衡动力,促进氧化作用进程。

MSD法可以销毁高能炸药(HE)等EM废料,将废料中的有机成分转化成无害的物质如CO_2、N_2和H_2O。熔盐氧化是排放物更少、环境友好程度更高的过程。熔盐氧化技术由罗克韦尔公司于20世纪60年代提出,近期的相关研究工作由劳伦斯·利弗莫尔国家实验室进行。该国家实验室已建立了多个车间,包括麦克阿莱斯特陆军弹药厂的一个演示装置,处理能力为每小时13.6kg。美国海军水面战中心也在从事相关工作,样机的处理能力每小时至少7.5kg。

美国劳伦斯·利弗莫尔国家实验室(LLNL)建造了一台小型MSD改进型试验装置,可以连续喷射进料,工作能力约为1kg/h。该装置除了销毁含RDX、HMX、TNT等纯组分的炸药外,还销毁大量复合炸药和固体推进剂废料。MSD法在具体的操作中存在蒸汽爆炸(steam explosion)的可能,LLNL从实验和理论两个方面对MSD法装置内蒸汽爆炸进行了研究,结果表明,MSD装置经过合理设计和严格操作规程的情况下完全可以避免蒸汽爆炸。这些表明MSD法可以较安全、有效地销毁EM废料,但存在处理效率低的缺点,且有一定的安全隐患。

美国ATG公司开发出一种溶盐氧化法,用于处理氯代或其他卤代废物。该法使用1200~1300℃碳酸钠或其他盐熔池。危险废物被投入熔池内,分解成无害的盐如氯化钠,从而达到对废物处置的立法要求。该法的处理费用为焚烧法的30%~40%,无需焚烧法所需的烟道气洗涤装置,并可避免化学氧化法要产生大量废物的问题。

熔盐氧化技术被视为焚化技术潜在的替代技术,具有多项优势:作业温度相当或略低于焚化技术,比等离子弧技术的更低;无机材料可在盐槽中收集;碳酸盐具有中和酸性气体的基本特性。

4.6 介导式电化氧化技术

介导式电化氧化技术主要指运用两极电化学过程(two‐stage electro‐chemical process)转化含能材料,即无机酸电解液中的金属离子(通常是铈、银或铜)在正极氧化后,遂变为含能废物的氧化剂。

英国和美国都已建立了多个运用介导式电化氧化技术的试验工场。介导式电化氧化技术还被选为集合化学武器评估(assemble chemical weapon assessment)项目的候选技术(其他候选技术还有水解技术和超临界水氧化技术)。按项目要求,已进行了大量炸药材料的销毁演示试验。

美国海军在1999年对Cerox公司铈基础设备销毁奥托Ⅱ燃料(单一组分燃料)污染废物的情况进行了评估。结果发现,由于设计用于处理液体废物,因此该系统受多数固态炸药不溶解性的限制,处理能力有限。然而,这种铈基础设备又无法改造用于处理浆状废物,因此美国海军断定,介导式电化氧化技术用于批量处理含能材料时过于复杂且费用很高。

4.7 湿空气氧化技术

湿空气氧化技术(wet air oxidaiton,WAO)又名齐默曼氏处理法,一种重要的处理有毒、有害、高浓度的有机废水的有效的处理方法,主要指利用氧化剂进行氧化,在液相体系中,将废水中的有机物氧化分解为无机物或小分子有机物。作业温度和压力分别为320℃和22MPa。湿空气氧化是一项较为成熟的技术,瑞典于1911年就已申请专利,20世纪30年代经弗雷德里克·齐默曼用于生产人造香草后得以发展。

一般认为,WAO属于自由基反应,在反应过程中经历诱导期、增殖期、退化期和结束期4个阶段。Shibaeva等在含酚废水的WAO研究中,证实了酚的WAO为自由基反应。在WAO反应过程中,分子态氧参与了各种自由基的形成。整个反应过程如以下反应式所示:

诱导期:

$$RH + O_2 \longrightarrow R\cdot + HOO (RH 为有机物) \quad (4-6)$$
$$2RH + O_2 \longrightarrow 2R\cdot + H_2O_2 \quad (4-7)$$

增殖期:

$$R\cdot + O_2 \longrightarrow ROO\cdot \quad (4-8)$$
$$ROO\cdot + RH \longrightarrow ROOH + R\cdot \quad (4-9)$$

退化期:

$$ROOH \longrightarrow RO\cdot + HO\cdot \quad (4-10)$$
$$2ROOH \longrightarrow R\cdot + RO\cdot + H_2O \quad (4-11)$$

结束期:

$$R\cdot + R\cdot \longrightarrow R-R \quad (4-12)$$
$$ROO\cdot + R\cdot \longrightarrow ROOR \quad (4-13)$$
$$ROO\cdot + ROO\cdot \longrightarrow ROH + R_1COR_2 + O_2 \quad (4-14)$$

WAO有以下几个特点:①应用范围广。几乎可以无选择地有效氧化各类高浓度有机废水,特别是毒性大、常规方法难降解的废水。②处理效率高。在合适的温度和压力条件下,WAO 的 COD 的处理效率可达到 90% 以上。③氧化速率快。大部分 WAO 处理废水时所需的反应停留时间在 30~60min 内,与生物处理相比,废水在反应器的停留时间短了许多。因此,WAO 的处理装置比较小,占地小、结构紧凑、易于管理。④二次污染较少。WAO 氧化有机污染物时 C 被氧化为 CO_2,N 被转化为 NH_3、NO_3^-、N_2,卤素和硫被氧化为相应的无机卤化物和硫化物,在反应过程中没有 NO_x、SO_2、HCl、CO 等有害的物质产生,因此产生的二次污染小。⑤所需能量少,并可以回收反应中产生的能量。例如,WAO 处理有机物所需的能量就是进水和出水的热焓差,系统的反应热可以用来加热进料,而从系统中排出的热量可以用来产生蒸气或加热水,反应放出的气体用来使涡轮机膨胀,产生机械能或电能等。

湿空气氧化技术早已广泛应用于工业废水处理,而销毁处理是新的应用领域,其中大多研究集中在销毁发射药领域。美国陆军工程兵团评估了利用该技术销毁三基发射药的研究。他们推断,从实验室规模试验看,湿空气氧化技术是一项有效的技术,尤其是用于处理碱解过程中产生的废物填料。

湿空气氧化法具有处理效率高、反应速度快、装置小、适用范围广、可回收资源以及二次污染低等优点,是治理高浓度难降解有机废水的极有发展前景的技术之一。

湿空气氧化法在氧化条件下采用高温(几百摄氏度)将复杂的材料转化成简单和无害的化合物。多年来 WAO 已成功地用于销毁工业和城市的有机材料。WAO 在处理 M31A1E1 等 EM 废料时也具有安全、有效的特点。NealR Adrian 等人在利用回收得到的 AN 和 KDN 作为 WAO 氧化剂处理 EM 废料方面探索出了一条有利于环保的新途径,把从推进剂中回收得到的 AN 和 KDN 作为 WAO 氧化剂用来处理苯酚、乙酸和生物残渣。WAO 的操作环境往往是强酸性或强碱性,对结构材料会产生较强的侵蚀性,因此有必要对 WAO 系统的结构材料提出严格要求。

4.8 直接化学氧化技术

直接化学氧化技术又名过氧硫酸盐氧化,主要指利用有效氧化剂在适宜温度和压力下进行过氧硫酸盐处理。1999 年,劳伦斯利弗莫尔国家实验室发布了一份利用直接化学氧化技术销毁 TNT 的报告。利用容积为 1L 的小型反应器,内装温度在 95℃的含水过氧硫酸盐溶液,成功销毁了少量 TNT。另外一篇报告指出,也在探索使用催化剂销毁乙二醇和三氯乙烷。

4.9 亚当斯硫氧化技术

亚当斯硫氧化技术是由美国人发明的一种处理火炸药学的技术。该技术是让火炸药在过量的硫氛围中反应(温度处于 450~600℃ 之间),通过控制反应温度、时间和程度,使火炸药分解成许多简单的化合物,主要是硫化合物,包括一些其他的化合物。这样火炸药就由原来的活性物质变成了惰性物质,从而达到处理危险物的目的。这一过程中,火炸药中的碳转化为 C-S 固体残渣和 CS_2 气体;氢转化为 H_2S 气体等。对 RDX、HMX、TNT 等炸药的处理实验表明,在给定的温度、时间条件下,炸药能够安全地、完全地分解。1993 年,《销毁化学战剂与弹药的可替代技术》指出,亚当斯硫氧化技术是一种典型的常规销毁处理法。亚当斯过程的副产物及其有害气体处理如下:

(1) 副产物包括 C-S 残渣和过剩的硫,C-S 残渣无毒,做掩埋处理,过剩的硫浓缩回收到硫系统中;

(2) 硫的化合物和酸性气体用苛性碱处理。

4.10 光催化氧化技术

光催化或紫外线氧化技术主要指利用光能量,引起有机物质(如含能材料)分解。主要是以某些半导体(如 TiO_2、ZnO、CdS 等)为催化剂来降解废弃发射药炸药的,基本原理是半导体材料受到能量大于其禁带的光照射时,发生电子跃迁,在半导体材料的表面形成电子/空穴对。利用半导体表面空穴吸附水分子及氢氧根离子产生具有强氧化能力的·OH,将吸附于颗粒表面的有机物氧化。它可以在常温常压下使大多数不能或难于生物降解的有毒有机物氧化分解,彻底矿化。如果利用紫外线(UV)辐射强化氧化处理,能加速污染物的氧化降解,使一些难发生的反应顺利进行,大大提高了氧化降解速率。目前多采用紫外线与其他技术相联用的方法来降解废弃发射药炸药,如 UV/O_3、UV/H_2O_2、$UV/H_2O_2/O_3$、UV/TiO_2、$UV/O_3/TiO_2$ 等。

紫外线可以激发某些化学反应,利用这类反应破坏有害物质和废物。该方法的实质是分子在吸收紫外线能量之后成为激活态,激活态经不同的方式达到稳定态,在此过程中物质可能发生状态变化或化学变化,与外界进行能量交换。

2001 年 Dhananjay 等采用半导体光催化剂和人工紫外线研究了硝基苯的光催化降解作用,确定了催化剂的添加量、pH 值和负离子对光催化降解作用的影响,并比较了两种催化剂的催化效果,同时比较了两种不同波长的紫外线对降解的影响。通过比较硝基苯和苯酚的光催化降解作用,发现硝基苯的降解速率明显快于苯酚。另外,利用过氧化氢和人工紫外线研究了硝基苯的光催化降解作用,结果发现其效果要次于光催化作用。

英国"去军事化2000"项目将紫外线氧化技术作为碱解和生物降解之间的中间步骤,以减少水解产物的毒性,并增强其生物降解能力。由于运用紫外线的费用相当高,因此还在研究适当的催化剂,以允许使用可见光。直到目前为止,该技术尚未走向生产阶段,与其他氧化技术相比,受重视程度也不高。

Schmelling 等对光催化技术处理 TNT 废水进行深入研究,认为 TiO_2 作为光催化剂降解 TNT 先后经过两个途径:氧化途径,此时的氧加速了副产物的降解;还原途径,此时氧对副产物降解起阻遏作用。

美国俄克拉何马州(Oklahoma)州立大学的 Harmon 等研究了用光催化剂处理 TNT 废水的技术,催化剂为玻璃纤维担载的卟啉基催化剂,光源为日光,可以高效地将废水中的 TNT 转化为 NH_3 和 CO_2。

4.11 电化学法

电化学法是利用 EM 废料作为燃料电池(fuel ceflls)的反应物原材料,实现 EM 废料销毁和能量回收的方法。在燃料电池中,将燃料不断地供给负极进行氧化反应,将氧化剂(一般指空气中的氧)供给正极进行还原反应。Neal R Adrian 对 NC、NQ、NG 和 M31A1E1 的水解产物进行了电化学评估试验。试验结果表明,在 $-0.8 \sim 1.0V$ 范围内 NQ 和 NG 在铜、银和金电极处可以从碳酸盐的水溶液中电解还原,但 NC 在水溶液中的电化学还原受 NC 相对不溶性的影响,M31A1E1 水解产物含有在铜电极和 $-0.7 \sim 1.0V$ 范围内可以还原的组分,在接近 $0 \sim +0.5V$ 电势下在铜电极处可得到氧化。计算结果表明,用电化学方法对所研究的 EM 溶液进行电解销毁速率可达 $1 \sim 10L/h$。电化学法处理 EM 废料较为可行,但为了使该方法实现中试放大,仍需进行大量的研究以鉴定电极材料、电解产物和反应物、反应速率、工艺优化和工艺监测装置。

4.12 弹丸装药钻出法

弹丸装药钻出法是一种靠模钻孔的操作,实质上是在钻床上进行钻孔操作。将卸下引信的弹丸安装在一个稍微改进的钻床上,以 150r/min 的快速运转,然后一个稳定的、无火花的钻头向内部钻入,把填充物钻成粉末,由真空收集器收集,传送到相邻的工房内。一个偏心轮使钻头沿着弹丸的靠模倾斜,使其离开弹丸边 6mm(钻头不能超过这个范围)。处理一个弹丸需要 1min,TNT、B 炸药和苦味酸铵已被成功钻出。产品是干粉,可以出售。弹丸需要进一步处理,因为里面还有一层药。这种设备在 Grane NWSC 和 Hawthorne NAD 有样机。

第5章 环保处理技术

5.1 废气处理技术

当前,报废通用弹药烧毁炉烧毁着重关注安全消除含能材料燃烧爆炸能量,未关注烧毁污染物无害化处理,难以满足"绿色销毁"要求。比如,对报废发射药、炸药、烟火剂、枪弹、底火、基本药管、曳光管、雷管、火帽、引信及其他从引信或炮弹上拆卸下来的具有爆炸或燃烧性的各类火工品元件均采用烧毁方式进行处理,烧毁产生的废气一般直接排放到大气中,对周边环境造成一定程度的污染。随着科学技术发展进步和环保理念深入人心,废气处理技术储备越来越丰富,增加烧毁废气处理装置的需求越来越强烈。

废气处理技术的基本工艺流程如下:废气经引风机通过废气收集系统进入缓冲罐,使气体发生均质,然后进入燃烧炉燃烧,燃烧炉内用轻油做燃料,这一阶段作为再燃烧阶段,在此阶段中,燃料中释放出来的羟基与主燃烧段中形成的NO_x反应,NO_x被还原成分子氮,脱除大部分的氮。燃烧后的废气经冷凝器骤冷至200℃,进入静电除尘器,除去烟气里的细小灰尘后,烟气进入喷淋塔,喷入石灰乳,烟气中的SO_2会被吸收,最终生成副产品石膏,完成脱硫;而在前段未能完全脱除的NO_x则被石灰乳吸收,最终生成亚硝酸钙,完成脱硝。最后清洁烟气达标排出。喷淋塔内形成的副产物最后进入压滤机脱水,脱出水(pH值为7.5)可直接排放,滤渣外运可出售。废气处理技术基本工艺流程如图5-1所示。

瑞典、德国弹药销毁焚化车间均配有污染控制系统,以满足排放标准,如图5-2所示。这些污染控制系统须满足规定的温度要求,处理的污染物包括挥发性化合物、颗粒物质、酸性气体、重金属和二氧(杂)芑。

污染控制系统一般分为干法废气处理系统和湿法废气处理系统,主要包括:

(1) 多数车间通常为熔炉配置后燃室或第二燃烧室,以满足欧盟对温度的要求。后燃室或第二燃烧室的工作温度一般为1200~1700℃,用可燃性气体(丙烷或天然气)保持,足以销毁挥发性化合物,且有助于减少产生二氧(杂)芑。为满足欧盟要求,气体滞留时间至少为2s。气体燃烧器安装在热氧化的前末端,用于加热和正常操作。通过一个单独的引火燃烧器点火。二次燃烧室安装

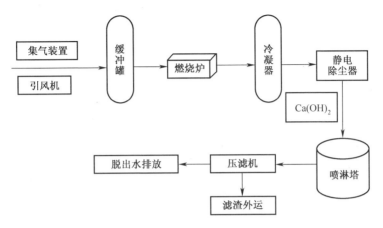

图 5-1 废气处理技术基本工艺流程图

图 5-2 污染控制系统

了所有的标准控制和安全功能,包括紫外线火焰探测。通过自动温度控制功能调节气流和助燃气流,可手动调节设定值。备用温度和压力探测器安装在燃烧室上,用于确保燃烧室内温度和压力的合理控制。燃烧室为绝热的,避免酸液冷凝和腐蚀。

(2)为冷却热气体、防止破坏系统其他部分,后燃室或第二燃烧室后需配置冷却设备。该设备通常采用雾化水喷淋系统,可将气体温度降至约500℃。在此阶段,需引入废热锅炉,以回收期间产生的能量。

(3)在欧洲,为吸收酸性气体需配置涤气系统。涤气系统利用含碱盐的水,去除并中和 NO_x 和 SO_2。涤气系统主要有三种,即文丘里系统、压紧系统和喷淋系统。为降低废气中 NO_x 的含量,可选配一个脱硝系统,洗涤器中出来的废气将通过气体加热器加热到 230~250℃。根据烟囱中 NO_x 的含量,可向气流中加入氨气。液态氨气存放在运输用瓶中,通过周围温度转为气态。据估算,欧盟用于控制 NO_x 的费用限制在百万美元内。由于美国无规定限制排放 NO_x 以及费用的问题,美国的焚化炉并不配备涤气系统。

（4）为去除微粒,需配置干式陶瓷过滤系统或廉价的带有 Gore-Tex 材料/聚四氟乙烯过滤袋的袋滤室。干式陶瓷过滤系统已在欧洲使用,据称十分有效,还可降低火灾危险。在美国,袋滤室仍处于主导地位。

（5）为吸收重金属,尤其是气体中的汞,需配置活性炭床。活性炭床还可用于吸收剩余的挥发性化合物。

（6）需配置监视系统,以确保满足排放物水平要求。在线监测系统作为选配安装在脱硝系统后面,该系统用于监测和鉴定尾气中的气体类型和参数。

德国的旋转熔炉配置有污染控制系统。EST 公司在德国 Steinbach 安装的系统使用两套旋转熔炉向污染控制系统输送废物流。经过后燃室(1200℃)后,废物热锅炉可回收期间产生的能量(750kW)。喷淋冷却器可用于进一步降低温度,以废物流进入袋式滤器,随后是 3 个气体清洗塔和 NO_x 催化净化器(使用尿素进一步去除 NO_x 排放物)。整个系统配有自动监视系统,与工厂停车装置相连。比较而言,流化床系统的污染控制系统更为简单,即去除挥发化合物的吸收塔盘。吸收物质可在气流中悬浮。该技术产生的废物流较为集中,便于处理。

5.2　废水处理技术

TNT 是目前通用弹药中使用最广泛的一类硝基化合物,其生产、储存和销毁中产生的大量废水严重危害人类健康,污染环境。如何处理 TNT 废水成为世界共同关注的课题。目前,国内外处理 TNT 废水的方法与技术,综合起来主要有物理法、化学法和生物法。众多的理论研究和实践经验证明,TNT 废水处理是一项复杂艰巨的工程。每种技术和方法都取得了一定功效,但如何采用多种技术组合,提高 TNT 废水处理的效果仍是今后研究的重点。

1. 物理法

（1）吸附法。吸附法的吸附处理过程是利用多孔性固体(吸附剂)吸附废水中的污染物,使废水得以净化。应用最广泛的吸附剂是活性炭和吸附树脂,还可使用炉渣、焦炭、硅藻土、磺化煤等。

(2) 萃取法。萃取法是利用适当的溶剂来处理含有多种组分的废弃发射药、炸药，使其中的各个组分分离开来，再通过进一步的精制处理，回收其中一些成本较高或有用的组分重新作为军用品或民用品原材料使用。萃取法包括溶剂萃取法、超临界流体萃取法、膜萃取法等。

溶剂萃取法处理周期短、耗费低，现在此法已有了较成熟的化学工艺作后盾，易于实现工业化，并且已有少数火炸药工厂采用了这类方法处理废旧火炸药。它可处理质量浓度较高的 TNT 废水，萃取剂常为苯、汽油、乙酸丁酯等，还用于回收固体推进剂中价格昂贵的卡硼烷等。早在 20 世纪 50 年代初期，美国奥林公司所报道的从单基发射药中回收硝化纤维素的专利技术就是采用的溶剂萃取法，它可使回收的硝化纤维素纯度达到 98%~99.5%，而回收费用仅为制造新硝化纤维素所需费用的 10%。

超临界流体萃取法是一种萃取样品中金属离子的新方法，它可以从固体混和废料中除去有机污染物、有毒金属和放射性元素，而不需使用任何酸或有机试剂。此法可以极大地减少二次废料的产生，如用超临界 CO_2 作为萃取溶剂成功地从 B 炸药中通过萃取 TNT 组分回收黑索今。

膜萃取是在固定膜界面上进行萃取，是将液-液萃取过程和膜过程相结合的新型分离技术。采用聚砜中空纤维膜反应器，以煤油作为萃取剂，萃取废水中的 TNT，萃取效率可达 90% 以上，排出的废水 TNT 含量符合国家废水排放标准。此法具有设备简单、耗能少、效率高、易放大的特点，工业使用价值较高。但聚砜膜的耐蚀性较差，易溶胀，不宜长期使用。采用聚偏氟乙烯中空纤维膜器，以甲苯为萃取剂，对 TNT 废水进行萃取实验。结果表明，废水中 TNT 的去除率可达到 95% 以上，与聚砜膜器相比具有工艺简单、寿命长、效率高的优点，工业化前景乐观。

(3) 电絮凝法。其基本原理是在电流作用下，在铁阳极和阴极分别发生反应。利用 $Fe(OH)_2$ 胶体的化学吸附作用去除有害物质。研究表明，在滞留时间 3min，pH 值为 8~9，电流密度为 $105A/m^2$ 的条件下，可将废水中硝基苯类的浓度从 82mg/L 降到 0.6mg/L，硝基苯类的去除率达到 99.27%。

混凝沉淀法原理：向火炸药废水中投放阳离子表面活性剂，与 TNT、RDX 等相互聚合，长大至能自然沉淀的程度。混凝剂分为有机和无机两大类，此外还有天然絮凝剂。使用 N-牛脂基-1,3-二氨基丙烷，产生的沉淀可以很快过滤，固体经过干燥，再燃烧时不会发生爆炸，废水中的 TNT 含量从 $110mg \cdot L^{-1}$ 降低到 $0.1mg \cdot L^{-1}$。无机类混凝剂主要是铁盐和铝盐两大类。硫酸铝则是使用最早和最多的无机混凝剂。而铝盐目前正在向高分子聚合物——聚合铝盐的方向发展，主要包括聚合氯化铝、聚合硫酸铝、聚合硅酸铝。周贵忠采用新型混凝剂处理TNT废水，处理前pH值为8~10，固体质量分数为5%左右，COD_{Cr}约为101000mg·L^{-1}。先调节pH值，边搅拌边加入PAMAM树形高分子溶液，加完以后静置2h，过滤除去固体沉淀物以及漂浮物，得到浅红色透明液体，得到的液体先经过离子交换柱，再通过颗粒活性炭净化池，最终得到无色澄清的无机盐水溶液，COD_{Cr}大约为364mg·L^{-1}，达到了国家二级排放标准。

（4）脉冲等离子技术。脉冲等离子技术降解TNT废水，是通过两个浸在液体中的电极间高电压大电流放电形成等离子通道，从而把能量注入液体中迅速降解TNT分子。实验结果显示，初始浓度为$25×10^{-6}$和$50×10^{-6}$的TNT废水经过150次脉冲放电后迅速有效分解，降解率分别达到80%和70%。

（5）光催化法。基本原理是TiO_2、ZnO、CdS等半导体材料受到能量大于其禁带的光照射时，发生电子跃迁，在半导体材料的表面形成电子/空穴对。利用半导体表面空穴吸附水分子及氢氧根离子产生具有强氧化能力的·OH，将吸附于颗粒表面的有机物氧化。Schmelling等对光催化技术处理TNT废水进行深入研究，认为TiO_2作为光催化剂降解TNT先后经过两个途径：氧化途径，此时的氧加速了副产物的降解；还原途径，此时氧对副产物降解起阻遏作用。

2. 化学法

（1）臭氧法。臭氧是强氧化剂，其氧化能力在天然元素中仅次于氟，利用其强氧化性可以将部分TNT废水降解。采用臭氧法处理有机废水的反应快，不存在二次污染，制造臭氧只需空气和电能，不存在原料运输和贮存问题。对于pH值较高、浓度较低的TNT废水，可单独利用臭氧氧化处理。臭氧虽然分解TNT，但分解缓慢，也不完全，TNT分解产物依然存在。

（2）紫外光解法。紫外线的能量较高，能使有机物分子中的电子由基态跃迁到激发态，发生化学反应，导致有机物分解。但只用紫外线处理效果不理想。

（3）紫外线—臭氧氧化法。为提高TNT的降解率，美国ⅡTRT研究所曾将上述两种方法结合起来处理TNT粉红水，总有机碳初始浓度为60mg/L的废水处理2h即下降到17mg/L，85%以上的失去有机碳都以CO_2的形式出现，排除了二次污染问题，去除效果非常明显。北京理工大学研究认为，当TNT废水中其质量分数下降到25%后，变化非常缓慢，从经济学角度出发，紫外线—臭氧氧化法不适合TNT废水的深度处理。

（4）焚烧法。在高温下用空气氧化处理废水。当有机废水不能用其他方法处理时，可采用焚烧法。该方法是将红水与重油在燃烧炉中混合燃烧，对于低热值废水也可采用蒸发等预热处理后再进行焚烧。此方法费用少，但焚烧炉安全问题不容忽视，雾化不良或操作不当，在一定条件下会引起爆炸，而且会造成二次污染。

（5）湿法化学氧化法。是利用氧与污染物在液相中的接触达到将污染物氧化的目的,适用于高浓度或高毒性的废水。反应在封闭条件下进行,污染处理彻底,不产生二次污染。研究较多的湿空气化学氧化法需要在较为严格的条件下进行,近年来国外又发展了一种类似的 WPO(wet peroxide oxidation)方法,其改进之处在于使用过渡金属如 Ag^+、Fe^{2+} 等作催化剂和以 H_2O 代替 O_2 分子作氧化剂。南京理工大学黄俊等在国外 WPO 体系中引入稀土金属化合物作为协同催化剂,并进行 Fe^{2+} 催化剂的改进,实验证明这两种方法都降低了反应所需的条件,形成了用于常压下的湿法化学氧化方法。

（6）表面活性剂法。含氨基的表面活性剂可与粉红水中的 TNT 形成不溶解的络合物,使水中的 TNT 浓度大幅下降。该方法工艺简单,可利用现行的活性炭吸附设备,经济而安全。目前,廉价表面活性剂是 N-牛脂基-1,3-二氨基丙烷。

（7）超临界水氧化法。近年来由美国提出,并已开始应用于销毁各种有机难溶毒害物质的新方法。具有安全、有效、成本低、无任何附加污染的特点。它利用在超临界水状态下,无机物质的溶解度几乎等于零,有机物质的溶解度为 100% 的现象处理 TNT 废水。

3. 生物化学法

生物化学处理法是通过微生物的代谢作用,使废水中呈溶解态、胶态以及微细悬浮状态的有机污染物转化为稳定、无害物质的处理方法。根据作用微生物的不同,生化处理法分为好氧生化法和厌氧生化法。若从生物处理设备中,以废水与微生物的接触方式来分类,可分为悬浮生物法和固定生物法。生物化学处理法主要有活性污泥法、深水曝气法、氧化塘法、生物膜法等。采用的设备主要有曝气池、氧化塘、生物滤池、生物转盘、接触氧化塔、好氧流化床、厌气滤池、厌气流化床等。

在众多的生化法中,白腐工程菌法处理 TNT 废水引起国内外环保学者的高度重视。近年来,国内学者对白腐真菌生化处理 TNT 废水的机理、降解规律和效果进行了深入研究,取得了进展。南京理工大学唐婉莹等提出了废水中 TNT 降解的新途径,即 TNT 首先转变为 3-A、2-A、2,2-A、2,4-DA,再转变为邻苯二甲酸酯类、酚类,以后转变成直链酯类,最后 TNT 完全被降解;而且还利用灰色关联及聚类分析理论得到了木质素载体的最优分类,建议北方采用槐树叶,南方采用水杉叶。北京科技大学张景来等的研究结果表明,当反应时间为 48h,生化温度为 15℃,pH 值为 5,木质素投加适量时,TNT 废水的 COD 去除率为 99%。同济大学何德文等在建立微生物降解废水中有机污染物中间反应模型的基础上,推导出了 TNT 废水的 COD 降解参数过程,指出 TNT 废水的降解规律为:先发生零级反应,最后是一级反应,中间处于过渡时期,对应的反应级数应在 0~1。而南京理工大学黄俊等的研究结果则证明了白腐真菌降解 TNT 的反应为准一级动力学反应。此外,中国科学院微生物研究所尹萍等还首次报道了利用酵母菌和白地霉降解 TNT 的研究,探索了生化处理含 TNT 酸性废水的可能性。

5.3 生物降解安全技术

未经有效处理的大量 EM 生产废弃物的直接排放,导致了世界范围内大面积的土壤和水域遭到有害物质(如芳香族、脂肪族硝基和氨基化合物)的污染。这些化合物中绝大部分是强毒性的,可能造成环境污染和危害人身健康,甚至可能致癌,因此迫切需要对其进行处理。

生物降解技术主要指运用生物方法销毁含能材料,尤其适用于生物除污炸药污染的土壤。与化学氧化不同,生物降解主要依靠微生物作用,可以依靠氧气,此时微生物利用氧气来接受从氧化还原反应中得到的电子;也可以不依靠氧气,此时微生物则利用一些其他物质(如硝酸盐和硫酸盐离子)、金属或二氧化碳来接受电子。美国国家研究委员会一篇名为《现场生物除污》的文章对生物降解技术做了很好的归纳总结。

生物降解技术具有诸多优势:相对焚化或化学氧化而言,是一个自然过程;作业环境为常温和大气压;不产生一系列污染物,如焚化技术会产生二氧(杂)芑;在生物除污领域的作用尤为突出。现场生物除污可实现处理土壤和地下水,以便于去除作业,可在建筑物下和较深的蓄水层下实施处理,几乎不影响土壤或地下水。

然而,生物降解因必须适合特殊含能材料的处理而受到限制,与化学方法相比,作用过程难以控制,且存在处理周期长等不足之处,一般需要和其他处理方法联合使用。例如,生物降解会受到毒性的干扰,而化学氧化是不会发生类似情况。

20 世纪六七十年代,美国就开始采用生物方法处理被污染的土壤和水域中的有害物质,使其转化成无害物质的有效方法。堆肥合成是对环境无害地销毁大量废料的生物方法之一,20 世纪 70 年代堆肥合成方法得到应用。美国陆军应用堆肥合成清理了军事基地被 EM 废料污染的土壤,Louisiana 弹药厂对被炸药和推进剂污染的土壤进行了堆肥合成的实验室、中试和现场研究。研究结果表明,TNT、HMX 和 NC 在堆肥合成中发生了生物降解和转化,有效降低了它们的毒性。新兴科学公司(Advanced Sciences Inc.)采用低成本的生物降解工艺,将火箭发动机推进剂切割工艺废水中的高氯酸盐离子转化成氯化物。该工艺可将高氯酸盐的浓度从 1.0% 以上降到检测极限浓度($<0.5×10^{-6}$),处理后的废水可以直接排放到常规污水处理厂。通常,硝酸酯基与特屈儿基的炸药和发射药不易于生物降解。美国陆军工程兵团于 1998 年概述了生物降解技术。他们发现:TNT 在有氧和无氧条件下均可不同程度地进行生物降解;RDX 和 HMX 生物降解在厌氧环境下更好;硝化甘油在有氧环境下生物降解会逐步转化成甘油,后者可在有氧或无氧条件下生物降解;硝基胍只可在厌氧环境下生物降解;硝化纤维素难以生物降解,但在碱解预处理后,利用真菌或堆肥进行生物降解都是可行的。

ATK Thiokol 推进公司(Promontory,Utah)和位于堪萨斯州 Herington 附近的 Pyrodex 发射药生产厂都拥有生物降解废水处理系统,除了用于处理照明弹、钝感弹药生产和新型含能化合物合成所产生的废水外,还用于处理"民兵"导弹、航天飞机和 Delta 火箭推进系统推进剂制造产生的含高氯酸盐、硝酸盐以及其他含能材料的废水和流出物。

2008 年,韩国顺天乡大学和釜山高神大学的研究人员提出采用恶臭假单胞菌 HK-6 同时降解 TNT、RDX 的混合物。2009 年美国亚特兰大斯贝尔曼学院的研究人员提出在连续厌氧-好氧条件下采用短小芽孢杆菌降解 RDX;美国 Pelin Karakaya 等还提出采用活性污泥和白腐真菌黄孢原毛平革菌降解 CL-20。

生物降解含能材料的基础研究仍在继续,包括在寒冷气候下生物降解 RDX 的相关研究,以及二硝基甲苯处理方法的研究。由于在现场生物除污领域的优势,因此生物降解技术备受关注。生物降解技术包括水/水浆降解、酶降解和颗粒状活性炭降解,这三种方法都较为适宜销毁应用领域。

1. 水/水浆降解技术

水/水浆降解技术主要指利用生物反应器处理废物流。生物反应器可很好地控制反应条件,并使废物流以适当的速度进入,以确保含能材料的销毁。阿连特技术系统公司聚硫橡胶分公司位于犹他州的工厂便利用了该技术;生物反应器用于销毁火箭发动机中的高氯酸盐废物流。该车间后经美国应用研究联合公司改进,每月的处理能力增至 3600kg。

2. 酶降解技术

酶是一种生物催化剂,可加速生物反应。在生物降解技术中,酶可用于提高含能材料的销毁速度。SERDP 公司开展过一项酶降解 TNT 的项目。然而,由于在 TNT 降解时产生了不名有毒物质,因此该项目在开展两年后,于 2000 年终止。

3. 粒状活性炭-流化床反应器技术

传统的粒状活性炭(GAC)技术由于需更换并处理颗粒状活性炭,所以该方法处理炸药污染废物流的费用通常较高,为此研发了颗粒状活性炭-流化床反应器(GAC-FBR)。

粒状活性炭-流化床反应器技术主要指利用改进的流化床技术,吸收活性炭。该方法增加了厌氧生物降解,可有效分解有机硝化甘油化合物,更重要的是,可让颗粒状活性炭在系统内被反复利用。

麦克阿莱斯特陆军弹药厂利用该技术建立试验工场,研究发现,与传统的颗粒状活性炭技术相比,颗粒状活性碳-流化床反应器技术可大幅降低费用。

5.4 快速化学降解技术

弹药快速化学降解技术是最新研发的一种快速现场/离场化学处理存在于土壤和地下水中散装炸药和弹药的技术,可用于处理露天焚烧/露天爆轰产生的灰烬、中/高能炸药、稳定金属、中和化学战剂和硝化纤维等,目前已获得美国和国际专利。弹药快速化学降解技术产生的自由基能够迅速且完全地降解氧化有机化合物,如炸药、推进剂和氯化化合物。当反应结束时,该技术产生的任何残余物质都能够在空气中与氧发生反应,降解成为无毒化学物质。炸药可降解成甲盐酸、乙酸盐、氮气以及微量的一氧化二氮和亚硝酸盐。该方法可缩短清理时间,减少所需人员数量、补救费用,并将炸药的安全距离要求降至最低等。弹药快速化学降解技术由普兰克环境咨询有限公司和佐治亚大学富兰克林艺术科学院联合研发,已被美国大学技术经理人协会评为"2010年度更美好世界技术"大奖。

第6章 资源化利用技术

废旧火药的资源化利用,就是充分利用废旧火药的潜能,从中获取或使其变为有用的产品。依据是否再次利用废旧火药燃烧爆炸的性质,将资源化利用的途径分为两类:一是不改变废旧火药燃烧爆炸的性质,甚至在此基础上进一步提高这种燃烧爆炸的特性,将其制备成工业炸药,用于矿山等工业,或将其改变为可用于军事或民用的工业产品,如作为锅炉燃料或射钉枪用发射药;二是通过物理或化学方法,获取其中高价值的组分如提取铝粉或高价值的炸药等,或直接将其转化为其他类型的工业原料,如草酸等。

6.1 利用含能材料燃烧爆炸性能

1. 制备工业炸药

根据美国矿务局资料显示,美国每年消耗的工业爆炸材料将近1800万t,包括夏威夷在内的49个州都在大量使用工业炸药。其中煤矿业的消耗占总量的65%~68%,采石和非金属矿业占13%~15%,金属矿业将近10%。单从使用量来看,将废旧火炸药制作工业爆破炸药是一种可行的处理方法。Clark RossP等详细地研究了采用废旧火炸药制备工业炸药的制作工艺和组分。他们将一定量的废旧火炸药直接与液态的工业爆破剂混合,进行爆轰作业,用于开矿和采石,爆炸效果理想。美国通用技术公司依据推进剂/炸药评估模型,开发了多种废旧火炸药循环使用方法,如他们将两种火箭推进剂在低温条件下进行粉碎,将粉碎的颗粒作为工业炸药成分用于开矿,获得了巨大成功,并已开始进行工业化生产。另外,在常规弹药的生产过程中,大口径火炮经常采用苦味酸铵炸药装药,Machacek等将回收的苦味酸铵直接用作工业爆破剂组分,性能测试结果表明该爆破剂性能非常优越。

在国内,以王泽山院士为首的科研工作者在该领域开展了大量的研究工作,成果显著。依据他们的科研成果,我国于1996年建成了首座利用废旧发射药制备工业炸药的工厂,并已实现工业化生产。具体的研究成果主要体现在以下三方面:①制备粉状炸药。潘仁明等首先从理论上分析了将废旧发射药制备成粉状炸药的可行性,其研究认为为了提高炸药的爆轰及传爆能力,必须降低废旧火药的粒度,通过三种途径制备出了粉状炸药。另外,随着低爆速炸药越来越广泛的应用,魏晓安等研究了如何利用废单基发射药制备粉状低爆速炸药,重点研究了发射药的粒径及密度等诸多参数对炸药性能的影响。性能测试结果表明,该炸药综合性能优良,用作震源炸药能有效提高地震勘探的分辨率。②制备浆状炸药。顾建良等从配方、工艺及安全性方面重点研究了如何利用废旧发射药制备工业浆状炸药,以其开发出的工艺制备的浆状炸药性能优越,而该工艺对环境污染小,经济成本低。③制备混合炸药。利用废弃火药和乳化炸药制备工业混合炸药的方法,保持了原乳化炸药的基本配方与工艺,不需增加任何设备。陈厚和等依据制备乳化炸药的基本配方与工艺,成功地将废旧火药与乳化炸药混合,得到了新型的工业乳化炸药,该炸药具有较好的爆炸、贮存和抗水性能。另外,魏晓安将高聚物和交联剂加入到氧化剂溶液,形成混合溶液,然后灌注于废弃发射药颗粒空隙里,制成凝胶混合炸药。性能测试表明,该炸药具有高密度、高爆速、抗水性强的性能。不过,Per-Anders Persson 对该方法曾提出质疑,他认为虽然该方法使废旧火炸药得到了充分利用,但其对环境的危害并没有消除。因为现代工业爆破剂都是氧平衡合成物,即化合物中的氧能够把所有的氢元素氧化成水、碳元素氧化成二氧化碳、铝元素氧化成三氧化二铝。这样爆破剂爆破时才能产生最少量的污染性和有毒性气体(如 CO、NO、NO_2、NH_3 和 CH_4)。当爆破剂在岩石下深洞中作业时,虽然压力更大,但化学反应早已达到平衡状态,燃烧非常充分,产物也很清洁,能够实现理想爆轰。许多工业的乳化炸药和浆状炸药并非氧平衡,大多数炸药中燃料的含量较大(如烃油、燃油、矿物油以及乳化剂等),因此,无论化合物的氧平衡是高还是低,燃烧产生的有毒性的污染性气体就会迅速增大。当过氧平衡时,就会生成大量 NO 和 NO_2 气体;当负氧平衡爆轰时,就会生成大量的 CO、NH_3 和 CH_4。采用废旧火炸药制备工业炸药,其方法是把废弃的火药直接添加到乳化炸药和浆状炸药。由于这些添加物本身就是负氧平衡(其中 TNT 的负氧程度较大,其次是 AP/Al 火箭推进剂,最小的是无烟发射药),当这些添加物的尺寸较大时,其反应产物不能与工业炸药的反应产物充分混合,不能彻底燃烧,进而不能实现清洁燃烧。即使在岩石内部深洞中爆轰也是如此,从废弃火药中排放的有毒气体与露天爆轰所产生的气体量相当,甚至更高。

2. 作为锅炉辅助燃料

目前已开发的废旧火炸药资源化应用技术,主要包括用作开矿或碎石炸药以及提取高价值的工业原料等。一般情况下,这些工艺的副产品可用来当作锅炉燃料,不需要再另加处理;另外,这些废弃的火药经过钝化后,也可直接用作锅炉燃料,这些燃料被称作火药提取燃料。有人曾利用废旧单基药与普通煤混合,制备成引燃煤,燃烧效果非常好而且点燃容易,切实方便了广大用户的使用。此时火药的作用除了能够提供一定量的燃烧热外,还具有黏结剂的作用,使煤球具备一定力学性能。

20世纪90年代初,美军就开始评估采用推进剂作为燃料的可行性,并进行了试验研究。他们首先用溶剂溶解推进剂,使其钝感化,然后直接与燃料油混合,供部队工业燃烧炉使用。该研究为今后的相关研究奠定了基础。1997年,Steven等详细地研究了多种火药的燃烧性能,进一步确定了把这些火药用作锅炉燃料的可行性,通过控制工艺条件获取火药的能量,同时减轻了对环境的污染。工艺中,首先要将火药进行预处理,确保使用安全,然后将双基药、TNT、硝基胍以及火箭推进剂胶黏剂在连续反应器内进行燃烧。由于这些燃料氮元素的含量较高,并且多数以硝酸根的形式存在,所以燃烧后产生大量的氮氧化合物(NO_x)。他们研究发现,硝酸根转变成NO_x的转化率高达80%,说明硝酸根分子组转变成NO_x不是按照典型的轨迹形成的,而是直接形成的;而且研究发现分段燃烧可明显降低燃烧产物中NO_x含量;对于火箭胶黏剂,测定了铝粒子的燃烧温度高于1700℃,增大了NO_x生成量,而且熔化的铝粒子能够破坏锅炉设备。最后他们得出把这些废旧火炸药同传统燃料共同燃烧是一个非常好的选择,可以获得大量有用的能量。从经济学角度看,自废旧火炸药中回收的化工材料以及能量排放所获得的收益来看,该收益基本上与锅炉填料设备的改造和维护所需的成本相当。如果预处理废弃火药所需的成本低于OB/OD所用的成本,那么该方法就有较大的竞争力。另外,在控制污染物排放方面,可以利用锅炉已有的污染物控制设备,降低对环境的危害。

3. 制备火药复合焊条

火药复合焊条是在废旧火药的基体中加入其他无机填料制备而成,其制造工艺是在火药制造工艺的基础上发展而来,如图6-1所示。

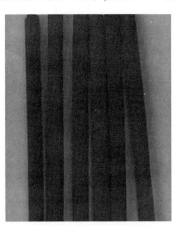

图6-1 火药复合焊条

按照火药制备方法的不同,火药可分为柯达型和巴利斯太型。柯达型火药是借助挥发性溶剂制备而成(如单基药的制备),该工艺也被称为溶剂法制造工艺;巴利斯太型火药是利用难挥发性溶剂硝化甘油为溶剂制备而成,由于工艺中没有使用挥发性溶剂,因此该生产工艺也被称为无溶剂法制造工艺。

火药复合焊条是在火药的基础上添加了大量的无机成分,若采用无溶剂法,其制造工艺非常危险;另外由于焊条的外径一般在10mm左右,驱溶难度不是很大,因此该焊条的制备采用溶剂法进行,包括废旧火药预处理、胶化、压伸、驱溶等6个环节。其具体的制备流程为:①将废旧火药粉碎为粉末状,并进行烘干处理;②将焊条所需的无机成分按比例称取、混合均匀并烘干;③将烘干的火药粉末、有机溶剂、安定剂及预处理过的无机成分按规定的比例和顺序加入胶化机中进行搅拌,将其捏合成为分布均匀的塑性药团;④采用油压机将胶化好的火药进行挤压,利用模具将其制成所需要的尺寸;⑤将挤压出的药条切成所需要的长度,并在常温下晾干;⑥在烘箱内进行彻底的驱溶。火药复合焊条制备流程图如图6-2所示。

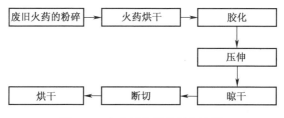

图6-2 火药复合焊条制备流程

胶化是焊条制备流程中工艺最为复杂,也是最为重要的一环,胶化效果的好坏将影响焊条的力学性能及燃烧性能。详细地研究了胶化的影响因素,利用正交试验研究了不同的胶化条件对焊条力学性能及内部结构的影响,最终确定了最佳的胶化条件:醇酮比40∶60、溶剂比控制在0.08、胶化时间为4.5h、胶化温度为30℃。分析研究了火药及阻燃剂含量对火药复合焊条力学性能的影响,研究结果表明:在火药含量(30%)较低的情况下,火药复合焊条的抗冲击强度可达2.98kN/m,能够满足焊条的正常运输、贮存及使用要求;添加阻燃剂明显改善了焊条的抗冲击强度,当阻燃剂含量为2%时,焊条的抗冲击强度由原来的3.12kN/m陡增到5.86kN/m。分析研究了火药复合焊条的机械感度、摩擦感度及火焰感度,结果表明:焊条具有较低的机械感度和摩擦感度,焊条50%发火高度为3.816cm。探索了焊条燃速随高热剂含量的变化规律,即:当高热剂含量<20%时,焊条的燃烧速度会随着高热剂含量的增大而降低;而当高热剂含量>30%时,焊条的燃烧速度会随着高热剂含量的增大而增大。分析研究了某新型有机高分子阻燃材料对焊条燃速的影响,该阻燃剂对焊条燃速的控制效果非常明显,在其含量较小的情况下,焊条的燃烧速度可以被控制在 3~6mm/s;阻燃剂含量不能大于3%,否则焊条将很难被点燃。

4. 改型再利用

火炸药改型是指改变火炸药的物料状态,但保持火炸药的组分和性质不变,使得改型后的制品在形状上区别于改型前的火炸药。利用发射药快速燃烧和爆炸的特性,将过期双迫发射药改制成射钉枪药以及利用退役火药制备安全环保型烟花药剂,还将推进剂改型制造为小型发动机装药、传爆药柱及木材纵火器等。

6.2 利用含能材料转化制备工业原料

将废旧火药制备成工业原料,其途径主要有两种:一是物理法,如机械粉碎、机械压延、溶剂萃取等手段,分离火药中的各种组分,再经精细化处理可回收成本较高的组分;二是化学法,通过化学手段直接将废旧火药转变成其他的化工原料或产品,如制备乙酸等化工原料。具体的技术途径如下。

1. 回收金属成分

为了提高推进剂的燃烧热量,很多固体火箭推进剂都大量使用铝粉(或镁粉)这种高能燃料,研究表明从这些推进剂中回收的铝粉,可以再次用作军事材料。Robert 等采用溶剂溶解推进剂胶黏剂的方法回收了固体火箭推进剂中的铝,回收产物中含有少量的氧化剂。溶剂采用甲醇钠溶液,并配有适量的酒精和脂肪族或芳香族溶剂,该溶剂含有水解性化学键。待溶解充分后,过滤溶液,即可回收大量铝。另外,Shiu 等采用溶剂溶胀-超声波法成功地分离和回收了固体推进剂中的金属成分。其研究工艺是:首先在混合溶剂中将推进剂粉碎;然后,在氧化剂存在的条件下,利用超声波促进界面上的空穴反应。该方法可以部分降解胶黏剂,能够破坏推进剂的网格结构,进而可容易地分离出金属成分。1998 年,Borls 等不仅自推进剂中提取出了铝粉,而且还把胶黏剂中的碳氢化合物转变成有用的石油产品。其方法首先采用溶剂浸出推进剂中氧化剂,然后将含有铝粉的胶黏剂在无氧环境下进行加热。经热解作用,类似石油组分的衍生物全部变为气体,收集、浓缩该气体可用作燃料油,而且其性质与柴油非常相似。而铝粉则全部保留在残渣中,可大量地进行回收。回收的铝粉如图 6-3 所示。

2. 回收高能炸药

美国 TPL 公司从混合炸药中成功地回收了各炸药成分,并已进行工业化生

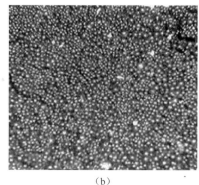

图 6-3 回收的铝粉

(a)抛光前;(b)抛光后。

产。整个分离过程大概有三步:一是粉碎废旧炸药;二是利用各炸药组分在溶剂中的溶解度差异,采用溶剂进行分离;三是采用重结晶的方法,精制分离的产品,回收的炸药如图 6-4 所示。

图 6-4 回收的炸药

(a)TNT;(b)HMX。

3. 回收碳硼烷

碳硼烷属于价值比较昂贵的工业化合物,Leroy 研究了从废弃固体推进剂中回收碳硼烷的工艺。该工艺主要包括以下几个步骤:一是在水中把推进剂切割成或粉碎成小的碎片;二是过滤、去除推进剂中的水分;三是采用正戊烷溶解、萃取推进剂中的碳硼烷,并过滤碳硼烷/正戊烷溶液中的固体成分;四是将过滤过的碳硼烷/正戊烷溶液通入水槽中进行洗涤,这样可以去除高氯酸铵等其他可溶于水的组分;五是待碳硼烷/正戊烷溶液和水分层后,分离出碳硼烷/正戊烷溶液;最后利用蒸馏正戊烷的方法可回收碳硼烷。

4. 回收增塑剂

Melvin William 研究了从固体推进剂、炸药和焰火剂中提取和回收增塑剂的方法,该方法采用近临界液体(NCL)或超临界液体(SCF)CO_2 作为溶剂,浸取可溶的增塑剂成分。CO_2 溶剂无毒害、不易燃烧、无腐蚀性、价格低廉、不会产生额外的有毒或危险性产物。即使在加压和适当加热的情况下,该溶剂都不会与推进剂或其他火药发生化学反应。在环境温度下,当压力达到 831MPa 或更高时,CO_2 就会实现由气态转变成液态,达到 NCL 状态;进一步增大 CO_2 的压力和温度就会达到 SCF 状态。无论是采用 NCL 状态还是 SCF 状态的 CO_2,都能够溶解双基或交联双基推进剂中可溶的增塑剂(硝化甘油)和安定剂(二苯胺和硝基苯胺)。在对 NCL 或 SCF 状态下 CO_2 减压膨胀回收循环利用之前,首先要过滤出液体中不溶成分。最后,把 NCL 或 SCF 状态下的 CO_2 减压变为气体状态,即可回收到增塑剂和安定剂,同时 CO_2 气体可以循环地进行使用。该技术于 1990 年已获得美国专利。

5. 回收氧化剂

(1) 高氯酸铵的回收。早在 1980 年,美国的 Pobert 采用水合溶液回收高氯酸铵(AP)。其回收方法是:首先粉碎废弃推进剂,增大其反应的表面积;然后,采用水合溶液溶解浸取推进剂颗粒,该溶液含有一定量的表面活性剂。试验结果表明,该处理工艺能够很好地回收固体火箭推进剂中的高氯酸铵。在 1995 年,在伯明翰市,建立了回收固体推进剂成分的小型工厂,该厂从两种推进剂黏结剂系统中回收到了高氯酸铵,经分析表明这种回收的再结晶高氯酸铵,具有正常的性能,能够满足航天推进剂的主要性能。我国的高兴勇、杜仕国等采用临界液氨技术成功地回收复合推进剂中 AP,该技术具有工艺简单、应用广等特点。由于其运行费用较低,对环境的污染危害较小,展现了巨大的应用潜力。目前,该技术已经走出试验论证阶段,将为其他弹药销毁方法提供依据。

(2) 硝胺类氧化剂的回收。Melvin Williams 采用液氮的方法提取和回收了固体推进剂中的硝胺类氧化剂,该方法共有四个基本环节:一是采用切割或冲刷的方法粉碎推进剂;二是采用液化溶剂氮溶解氧化剂;三是采用过滤的方法分离不溶解的胶黏剂、金属燃料和添加成分,之后,蒸发液化溶剂氮来回收固体氧化剂;四是循环使用再压缩的液化溶剂。第一步推进剂颗粒应在 1/4 英寸(1 英寸 = 2.54cm)或更小,这样才能有利于在第二步中充分地提取成分,将不溶的成分(胶黏剂、金属燃料和添加剂)和溶解的成分彻底分离,不溶的组分可直接回收。第三步通过蒸发液化溶剂回收推进剂中的可溶成分。第四步是溶剂液化,使液体氮在密闭系统中循环使用。用乙醇溶液洗涤提取的成分,将不溶物

(硝胺氧化剂和杂质)分离出来,降低硝化甘油和其他增塑剂的含量。采用标准的丙酮水溶液或环己烷水溶对硝铵进行重结晶,可回收到高纯度的硝铵。

6. 制备工业原料或产品

20世纪50年代,法国科学家采用硝化的方法,使废旧发射药发生催化氧化分解,最终获得乙酸。我国研究者在此基础上改进了反应条件,采用"王水"氧化分解单基药,该反应的乙酸产率高达到70%。另外,可以根据废旧火药组分的不同,利用水解反应以及与加入的其他物质接枝反应等,将其转变为甘油、酒石酸、氨基二硝基甲苯、硝基漆、塑料代用品、阻燃漆布料以及胶黏剂等。如:刘吉平等采用废双基药制备等。其做法是,废双基药经处理后,与乙烯-乙酸酯共聚物、线性低密度聚乙烯和聚苯乙烯混合,同时加入阻燃剂、抑烟剂,即可制成各种塑料代用制品及漆布料;与聚氨酯接枝,可加工成双组分胶黏剂。废双基药制成的塑料代用品可以部分代替工程塑料,制成各种塑料管材、塑料板材,可应用于建筑、化工等行业。又如,丁春黎等从废火药中提取低含氮量硝化纤维素,用于制备摄影胶片、塑料及涂料等系列产品。关于由退役单基发射药提取硝化棉的研究,王保东研究了降低其含氮量及黏度的方法,用作硝基涂料的原材料(涂料硝化棉)。李利等采用过期发射药合成高吸水性树脂的方法,于2002年申请为国家专利。

7. 报废发射药去能变肥技术

美国专利介绍了利用炸药和发射药制备化肥的方法,其主要内容是使发射药和炸药脱氮,同时回收放出的氮,然后用腐殖酸溶液吸收氮和剩余的碳,制成化肥。

我国在报废发射药去能变肥方面做了大量探索研究,建立了相应的试验设备,发射药/炸药去能后,回收氮的同时将其含碳物质进行改性,用作植物肥料母料,达到资源循环再利用的目的,具备绿色、环保特征,去能变肥设备工作原理如图6-5所示。硬件设备主要包括投送系统、反应设备、在线监控设备、热交换装置、废气收集装置、液渣分离装置、封装设备等。根据各种报废发射药/炸药的技术指标要求设定诸如颗粒度、投料速度、控制温度、监控气体种类等相关参数,并将上述参数值进行A/D转换,在监控设备PLC显示面板上显示数值;同时,该设备还能够实现超温报警功能,反应装置内壁强度可承受14.5mm高射机枪弹的冲击。

该去能工艺能够涵盖现役所有单基发射药、双基发射药、推进剂、三基发射药、硝基化合物系炸药、硝胺系炸药、硝酸酯系炸药、胺类硝酸盐系炸药、混合炸药、有机高分子粘结炸药、特种混合炸药,其工艺流程:将预处理后的报废发射药/炸药置于传送系统,传送于含有水解液、催化剂的反应设备中,并启动在线监

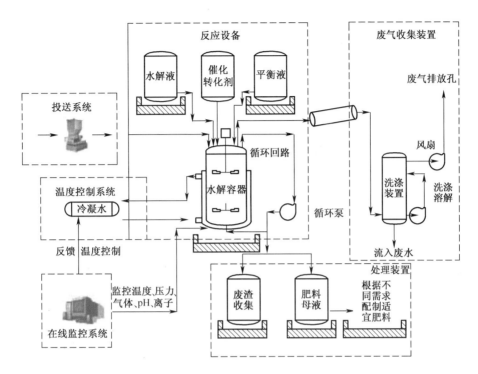

图 6-5　去能变肥设备工作原理图

控设备、废气收集装置和控制系统,反应后的产物进入液渣分离装置,完成液渣分离,未反应的溶液、报废发射药/炸药返回至反应设备中,进行下一轮反应;反应后的溶液进入下一步无机盐添加和封装程序。去能变肥工艺流程如图 6-6 所示。

6.3　弹体及药筒毁形再利用

弹体及药筒毁形再利用是消除报废弹药军事色彩的重要技术手段,弹体一般采用剪切毁形,药筒主要采用压力毁形。

1. 弹体毁形机

弹体毁形机主要由液压系统、电气系统、机械系统、监控检测系统组成,适用 37~155mm 口径钢质炮弹空弹体及铸铁迫击炮弹空弹体。液压系统主要用于提供剪切力,系统采用一台大功率轴向柱塞油泵,保证对大型炮弹剪切时能够产生足够大的剪切力;电气系统用于控制液压系统和机械系统运作;机械系统主要是输送带,用 V 形槽托起空弹体向前运动。

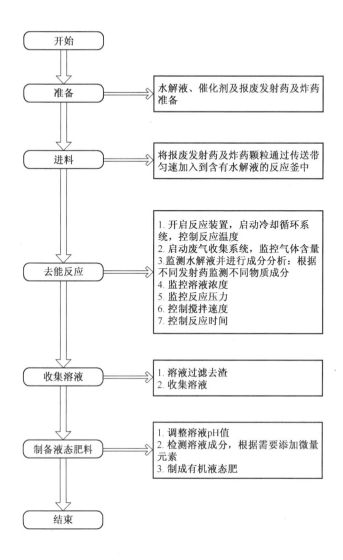

图 6-6 去能变肥工艺流程图

其工作原理:通过输送带将弹体输送到剪切位置,在输送过程中,检测系统对空弹体进行检测。当空弹体检测不合格(有炸药或者其他异常残留物)时,操作人员可以手动停止机具工作。检测合格的空弹体通过输送带和进弹系统输送到剪切主机下方。输送到位后,挡板自动放下,控制系统控制油泵运作,为剪切刀提供足够的剪切力切断空弹体。剪切是将空弹体夹在两个刀刃之间,通过两个刀刃的相对运动进行切割。剪切刀为V形,活性连接在液压杆上,剪切位置为弹丸定心部。剪切完毕后,剪切刀复位,挡板上升,后一发弹丸在进弹系统的推动下到达剪切主机下方,同时将破碎弹体顶出,滑入事先准备好的回收小车中。

（1）迫击炮弹丸毁形。迫击炮弹丸销毁处理系统主要由主机、液压系统、控制系统、防护系统、附属装置构成,如图6-7所示。

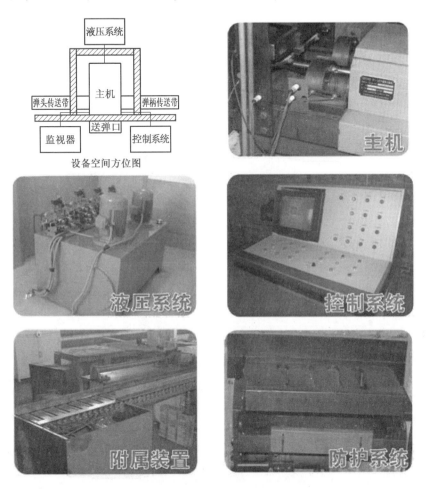

图6-7 报废迫击炮弹丸销毁系统各部结构

① 主机。主机是整个设备的机械执行部分,它受液压系统驱动来完成设备所要求的各个动作,包括上弹、进弹、防爆门开启关闭、弹柄夹紧、分解、弹体与弹柄掉落等,这些均为直线运动,这些运动由导轨和在导轨中运行的载弹体等执行。同时主机要固定、支承各个液压缸,有的液压缸受力很大,主机结构必须充

分考虑这些因素。

② 液压系统。由计算得到的动力性能要求:扭矩 12kg·m,转速不低于 120r/min。因此,选用定压式节流调速回路。由于有油缸垂直放置,驱动的部件作垂直方向运动,可能承受负方向力,因此采用出口节流方式。

③ 控制系统。用来协调机器动作,根据任务要求和操作人员的指令完成工作。

④ 防护系统。防护系统包括防爆门和防爆门启闭装置。当迫击炮弹进入分解位置时,防爆门完全关闭;当分解结束后,防爆门打开,取弹机构从防爆门退出,运动至取弹位置。

⑤ 附属装置。附属装置包括传输装置和监控系统。

迫击炮弹丸破碎示意图如图6-8所示。

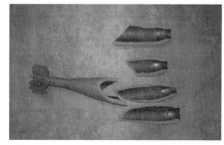
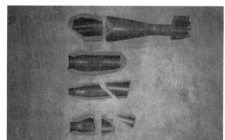

图 6-8 弹丸破碎示意图

（2）榴弹毁形。该机具主要由输送链、液压系统、电气系统、检测监控系统等部分组成。可细分为输送带、视频监控系统、传感器、液压系统部件、油箱部件、电机、剪切刀具、控制箱、人机操作界面等。

该机具采用PLC智能控制系统与液压系统相结合的方法，实现输送、检测、定位、剪切以及回收自动化，针对不同弹种不需更换剪切刀具，只需调整输送链传输速度、进弹速度和液压系统剪切速度即可进行相应作业。

① 输送链。输送链包括输送系统、进弹系统、控制方式。输送链采用焊接方式加工而成，主要用于输送空弹体。链条焊接V形槽，用于托起弹丸向前运动，当V形槽与剪切槽对正后，输送链停止运动。输送链停止运动后，由进弹系统滑块推动弹丸向剪切刀下部运动，到位后退回初始位置。进弹系统行程由控制系统和传感器控制，由步进电机和呢绒同步带带动。输送链由电机驱动，能够对速度进行调节，能够在传感器和电器系统的控制下实现停止和运行之间的快速切换。

② 液压系统。液压系统的主要元件油泵、油泵电机、溢流阀、单向阀、换向阀、压力表开关、散热器、增压器、油缸等，全部安置在设备机身上。液压系统运行期间不允许有漏液现象，且运行平稳、限速、限位。

③ 电气系统。电气系统采用PLC、传感器、液晶显示屏人机界面等现代技术，在线显示检测结果和剪切视频。机具能够实现自动循环输送、进弹、检测、剪切等功能，手动、自动运行程序均用PLC、数控系统控制。在自动模式下，能够独立完成各种动作，具有友好的人机界面。电气控制示意图如图6-9所示。

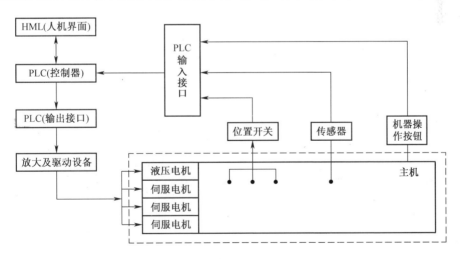

图6-9 电气控制示意图

④ 检测监控系统。检测系统用于检测弹丸空弹体内是否残存有倒空或烧毁不彻底的炸药,确保剪切的安全。检测系统主要由摄像头和显示器组成。

工作原理:通过输送带将弹体输送到剪切位置,在输送过程中,检测系统对空弹体进行检测。当空弹体检测不合格(有炸药或者其他异常残留物)时,操作人员可以手动停止机具工作。

检测合格的空弹体通过输送带和进弹系统输送到剪切主机下方。输送到位后,挡板自动放下,控制系统控制油泵运作,为剪切刀提供足够的剪切力切断空弹体。剪切是将空弹体夹在两个刀刃之间,通过两个刀刃的相对运动进行切割。剪切刀为V形,活性连接在液压杆上,剪切位置为弹丸定心部。

剪切完毕后,剪切刀复位,挡板上升,后一发弹丸在进弹系统的推动下,到达剪切主机下方,同时将破碎弹体顶出,滑入事先准备好的回收小车中。

工作程序:接通电源→设定剪切参数→启动机具→输送带运作→上炮弹→输送炮弹→检测→进弹→剪切弹丸→剪切刀复位→进弹→顶出破碎弹头→回收。

2. 药筒毁形机

药筒毁形机由主压力机、输送、液压、电气控制系统等组成,用于25~155mm各种口径炮弹的药筒毁形处理,使其失去军事属性。主压力机包括主机架、液压缸、压头、砧板。药筒输送系统由机架、输送链、V形槽、减速机伺服电机等组成。固定在输送链上的V形槽放置药筒,由伺服电机驱动链条步进,药筒依次进入压力机中,压头压下实现变形后由V形槽带出,随输送链送到储料斗收集,整个过程由控制系统自动完成。药筒毁形机如图6-10所示。

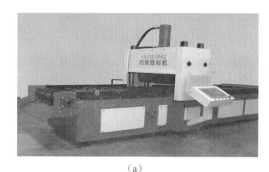
(a)

(b)

图6-10 药筒毁形机

第7章 机动应急销毁技术

7.1 俄罗斯销毁列车

俄罗斯机动式模块结构综合体(销毁列车),可以机动到弹药储存地执行销毁任务。该综合体是通过列车机动运输的弹药分解拆卸成套设备,而不是销毁作业列车平台,主要适用于批量报废弹药就地销毁作业,可以解决大量弹药长途运输费用过高的问题,降低弹药运输安全风险。

7.2 遥控操作技术

排爆机器人是排爆人员用于处置或销毁爆炸可疑物的专用器材,避免不必要的人员伤亡。它可用于多种复杂地形进行排爆。主要用于代替排爆人员搬运、转移爆炸可疑物品及其他有害危险品;代替排爆人员使用爆炸物销毁器销毁炸弹;代替现场安检人员实地勘察,实时传输现场图像;可配备霰弹枪对犯罪分子进行攻击;可配备探测器材检查危险场所及危险物品。

按照操作方法,排爆机器人分为两种:一种是远程操控型机器人,在可视条件下进行人为排爆,人是司令,排爆机器人是命令执行官;另一种是自动型排爆机器人,先把程序编入磁盘,再将磁盘插入机器人身体里,让机器人能分辨出什么是危险物品,以便排除险情。由于成本较高,所以很少用,一般是在很危急的时候才使用。按照行进方式,排爆机器人分为轮式、履带式、履带轮式,典型履带式排爆机器人系统结构如图7-1所示。它们一般体积不大,转向灵活,便于在狭窄的地方工作,操作人员可以在几百米到几千米以外通过无线电或光缆控制其活动。

(1) 轮式行进方式,常见的轮式有三轮、四轮、六轮等形式,结构简单,重量轻,滚动摩擦阻力小,机械效率高,适合在较平坦的地面上行走,但由于轮子与地面的附着力不如履带式机器人,因而越野性能也不如履带式,特别是爬楼梯、过台阶时就比较困难。

(2) 履带式行进方式,有双履带、四履带等形式。履带式优点是越野能力强,可以爬楼梯、越过壕沟、跨门槛等各种障碍物。

（3）履带轮式行进方式,是在轮胎的外面装上履带,当机器人在较平坦的环境移动时,可将履带取下,以获得较快的移动速度。当机器人需要爬楼梯等障碍物时,就可以将履带装上,以提高其越障能力,其系统结构如图7-1所示。美国Wolstenholme机器公司生产的MR5排爆机器人及加拿大的Pedsco机器人公司都采用这种行进方式。

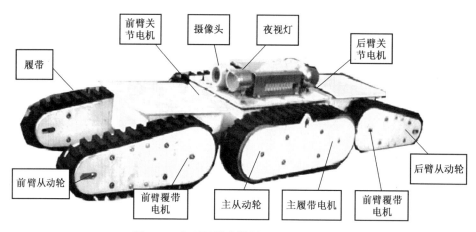

图7-1 典型履带式排爆机器人系统结构

早期研制的排爆机器人大多是遥控机器人,移动机器人的研究主要集中在无人驾驶车辆和遥控机器人方面。移动平台和操作手都是由操作员来进行操作和控制的。20世纪80年代后期,由于新的控制方法、控制结构和控制思想的出现,研究人员开始研究具有自主能力的移动机器人——半自主移动机器人,它可在人的监视下自主行驶,在遇到困难时操作人员可以进行遥控干预。到了20世纪90年代,移动机器人已经发展到了具有自主能力的自主型移动机器人,它依靠自身的智能自主导航,躲避障碍物,独立完成各种排爆任务。真正意义上的自主型机器人是由美国1989年开始研制的,它可以在人不干预的情况下自己在道路上行驶甚至越野;它利用路标识别技术导航,在较平坦的越野环境中,以10km/h的速度自主行驶了20km。之后,美国国防高级研究计划局又支持卡内基·梅隆大学研制NavlabⅡ自主车。1992年该车在道路上以75km/h的速度自主行驶了3.2km。排爆机器人作为一种移动机器人,经过多年的发展和研究已可进入实用阶段。但目前的技术水平还难以实现全自主的排爆机器人,因为机器人在复杂的环境移动时,必须对地面环境进行建模和处理,才能决定如何行动,计算机视觉技术对复杂环境的快速响应仍然十分困难,需要高速图像处理技术、高精度的GPS、电子罗盘、激光雷达、超声避撞、环境识别等技术。而地面复杂的环境如壕沟、台阶、水塘、沙地、沼泽等也使机器人难以实现完全的自主。

排爆机器人车上一般装有多台彩色CCD摄像机用来对爆炸物进行观察；一个多自由度机械手,用它的手爪或夹钳可将爆炸物的引信或雷管拧下来,并把爆炸物运走；车上还装有霰弹枪,利用激光指示器瞄准后,它可把爆炸物的定时装置及引爆装置击毁；有的机器人还装有高压水枪,可以切割爆炸物。

排爆机器人的硬件系统可以分为控制系统、传感器系统、执行机构(底盘、机械手)、通信系统、供电系统,其结构如图7-2所示。

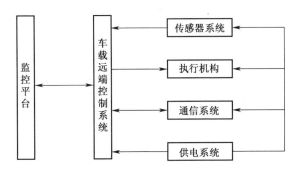

图7-2 硬件系统结构图

控制系统是机器人的控制中心,负责与其他各个子系统进行数据通信,以工控机为核心构建机器人控制系统,其功能是实时采集底盘和机械手安装的各类传感器信息,进行分类处理后,通过闭环控制系统实现机器人自主控制;通过无线网络,向控制台传送图像和数据信息,接收控制台指令,通过执行机构,实现主从式遥操作。

在底盘车轮两侧各选一个车轮安装转速传感器,以获取机器人的行走速度及运动轨迹；在机器人中部位置安装一组加速度传感器,获知机器人在粗糙和崎岖路面行驶过程中的颠簸、振动和俯仰等姿态信息,为机械手随动控制提供反馈信息；在底盘的前、后、左、右方向各安装一部红外线距离传感器,并采用闭环设计,使机器人能感知周围一定距离内的物体和障碍,实现自动停车、转向等安全保护措施；在车体前端安装两个USB摄像头,由监控PC发送控制命令到车载控制系统,控制摄像头的俯仰角和侧摆角,利用双目视觉系统可以实现机器人的自定位和目标检测与跟踪。在机械手每个回转关节处安装姿态角传感器,实时获取机械手工作姿态参数,为建立闭环控制、安全保护和在监视器上以图形再现机械手姿态等提供必要信息。在机械手旋转手爪上安装一部TS350型金属探测器,该仪器探测深度大、分辨率高、定位准确,并装有地平衡系统,有效地排除地面信号的干扰。

执行机构由底盘和机械手构成,机器人底盘采用轮式结构和滑移式转向方式,对称设计,安装6个车轮,左右各3个,其中一个为驱动轮,两个为从动轮,通过链条传动,实现每侧车轮的同步转动,可保证每侧至少有一个车轮着地,不会出现一侧车轮空转或打滑现象。机械手设计为多自由度结构,由腰身、大臂、小臂和可旋转手爪机构组成,实现平移和旋转,使机械手在控制范围之内能灵活快速又平稳地到达指定位置。底盘和机械手采用三环伺服控制结构。机械手如图7-3所示。

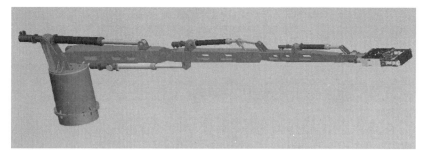

图7-3 机械手

机械手设计为由腰身、大臂、小臂、手爪组成,共有3个关节。其中:

(1) 腰身:1自由度,作旋转运动。固定安装在机器人车底盘上,以车体正前方为基准,可分别向左右旋转约135°(具体可旋转角度应参考车体驾驶控制室位置确定,以避免机械手向后方旋转时碰到驾驶控制室或其他物体),两端各有限位装置以避免自体碰撞。由液压控制运动,在底部装有电位计反馈准确位置以保证控制精度。

(2) 大臂、小臂:各1自由度,分别相对于前一级关节作上下运动。以车体水平面为基准,大臂可向上运动45°、向下运动30°,小臂可向上运动25°、向下运动60°。由液压控制运动,用电位计回馈,保证关节位置准确。

(3) 手爪:4自由度,分别作上下摆动、旋转、伸缩、夹持运动。以小臂延长线为基准,手爪可上下摆动±90°,又可以小臂为基准轴旋转±180°,伸1m,均采用伺服电机提供动力,通过减速箱减速保证功率需求,由伺服电机控制器控制。有编码盘反馈,保证位置准确,手爪如图7-4所示。

车载平台控制系统与监控平台之间的通信采用无线网络通信。无线网络系统采用80211b通信协议,采用无线局域网(WLAN)技术实现无线通信。无线通信系统主要负责接收远程计算机控制指令,并将机器人的内部状态信息以及各种传感器信息传送到远程计算机以便进行监视。

图 7-4　手爪

锂电池具有比能量高、体积小、重量轻、无记忆效应、无污染等优点。选用高效率的锂电池组供电,通过它直接驱动电机,电机经减速器输出后,直接驱动车轮,这样设计结构简单、线路布置方便、动作控制精度高,并且机器人连续工作时间可以大大延长。另外,预备电缆接口,以便应急时由发电机远距离供电。

为了软件的可读性、可维护性和可扩展性,按照模块化结构进行设计。按照自顶向下的设计思想,可以将系统划为以下几个模块,即视觉处理模块、运动感知模块、决策模块、网络通信模块、执行模块。软件系统结构如图 7-5 所示。

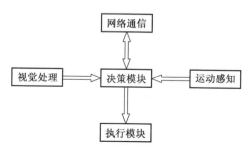

图 7-5　软件系统结构

德国 Telerob 公司研制的 MV4 系列遥控机器手,是一种爆炸物处理用的机器人小车,德国排爆机器人如图 7-6 所示。德国联邦国防军派往索马里的维和部队就曾装备了 MV494 型遥控车,用于清理爆炸物。MV4 是一种履带式车辆,它可以装备两种不同的机械手,即旋转动力机械手及电动主从式机械手。机械手安装在坚固的履带式底盘上。由于 MV4 体积小,它特别适合于在建筑物中使用。它可以爬楼梯,可以越过 20cm 高的障碍物。它的结构是组件式的,由带有主动轮的左右履带轮、装有电源的铸铝外壳以及控制器组成。必要时,车辆随时可以分解,即使在狭窄的过道中,它也可以进行工作。遥控车上装有4台彩色摄像机,一台用于车辆运动,一台装在机器手上,一台装在手爪上;另一台是三维主摄像机,可产生有立体感的图像,便于操作人员估计距离,从而保证对车辆的最佳控制。

图7-6　德国排爆机器人

美国政府技术支援工作组成功地将可远程精确遥控的快速瞄准平台武器系统(telepresent rapid aiming platform,TRAP)和通用遥控搬运系统(all-purpose remote transport system,ARTS)结合在一起,从而实现了远距离销毁弹药,避免给处理爆炸物的技术人员造成危险。为美国空军研制的ARTS携带一种名为"力耙"(power rake)的装置,可迅速清除地雷和弹药。但使用ARTS遥控车辆,必须使其在操作人员的视线之内,这样在某些地形条件下,人员可能会受冲击波和破片杀伤效应的波及。而TRAP-250则可以安装各种各样的瞄准装置,使得弹药销毁行动可以在隐蔽物后保持一定的距离安全进行。排爆机器人使用情况如图7-7所示。

美国国防部于21世纪初开展了环境安全技术鉴定项目,可安全、有效地解决露天焚烧/露天爆轰区的清理问题。该项目研发了一种名为"靶场大师"(range master)的未爆炸弹遥控挖掘系统,包括基本输送车、综合电力筛分系统、液压筛分网、储料器等,可深挖地下304mm的土壤,一次性遥控完成挖掘和筛分工作,其优点在于作业时间短、成本低、使用简便。此外,"靶场大师"还安装有装甲和遥控系统,可进一步提高人员的安全。

图7-7 正在使用的排爆机器人

装甲"靶场大师"在一些关键系统元件(如发动机、燃料箱和液压箱等)和驾驶员舱外均安装有装甲,从而能够更好地保护关键系统元件和操作员。该系统直接受到爆炸冲击的地方加装了厚19mm 的 A527 钢板,间接受到爆炸冲击的地方加装了厚12mm 的 A527 钢板,其驾驶员舱的窗户采用厚68mm 的安全玻璃。

"靶场大师"的遥控系统包括双路射频链和6个摄像监视器,旨在为遥控台提供视频与控制能力。视频链为频率在 2.3~2.5MHz 波段的商用现货供应射频链,有效功率约为4W。6个摄像监视器分别部署在"靶场大师"的几个重要部位,操作员可转换到任何一个摄像机,查看任何一个监视器。

遥控台配有一个由安全指挥官保管的安全钥匙锁,作为"靶场大师"的开关,可遥感勘测并控制"靶场大师"的全部功能,包括发动机的开关、转向、中断、桨片控制、混合器的开关、储料器的开合等。出于安全考虑,当遥感勘测射频链断开时,遥感勘测系统关闭,以避免"靶场大师"失控。此外,"靶场大师"还在遥控台上装有三个机械紧急停止按钮,由人工启动,可停止发动机并遥控中断电力。遥感勘测链是一种频率在 902~928MHz 波段的商用现货供应射频链,输出功率一般小于1W。遥控台由一个 5.5kW 的辅助发电机提供电源。

我国研制的排爆机器人主要有"灵蜥"、Raptor、"雪豹"-10、uBot-EOD 等。"灵蜥"智能机器人是在我国"国家 863 高科技发展计划"的支持下,由中国科学院沈阳自动化研究所研制的具有自主知识产权的新型复合移动结构的机器人,目前已推出 A 型、B 型、H 型等具有不同的任务针对性的种类,其中"灵蜥"-H 型是 2002 年研制反恐机器人以来所研制的第三代反恐机器人,在国内处于领先地位,在世界上也属于先进行列,已被军警部门大量装备。它的头部安装有摄像头,以便操纵人员及时下达控制指令。行走部分采用"轮+腿+履带"的复合装置,在平地上用四轮快速前进,遇到台阶或斜坡时,按照指令迅速收缩四轮,改换成擅长攀爬越障的履带。"灵蜥"动作机灵,可以前后左右移动或原地转弯,一只自由度较强的机械手可以抓起5kg重的爆炸物,并迅速投入排爆筒。"灵蜥"可以攀爬35°以下的斜坡和楼梯,可以翻越0.4m以下的障碍,可以钻入洞穴取物,作业的最大高度达到2.2m。此外,它还可以装备爆炸物销毁器、连发霰弹枪及催泪弹等各种武器,痛击恐怖分子。"灵蜥"-B型属于遥控移动式作业机器人,是一种具有抓取、销毁爆炸物等功能的新型机器人产品。它由本体、控制台、电动收缆装置和附件箱四部分组成,自重仅1800g;由电池电力驱动,可维持工作数小时左右;最大直线运动速度为40m/min;三段履带的设计可以让机器人平稳上下楼梯,跨越0.45m高的障碍,实现全方位行走,具备较强的地面适应能力。"灵蜥"-A型是2004年7月17日在沈阳的东北亚高新技术及产品博览会上首次亮相的较早型号,该款反恐防爆机器人同属国家"863"计划的研究成果,目前也已装备公安、武警部队的反恐一线。

Raptor-eod机器人是北京博创集团开发的一款中型特种排爆排险机器人,用于处置各种突发涉爆、涉险事件,代替以往人工排除可疑爆炸物及在危险品搬运过程中对操作者带来的危险。该机器人具备大型排爆机器人的基本功能,体积小、重量轻,便于更快地在突发事件中部署与执行任务。相对大型排爆机器人具有更广阔的适应性,已装备全国多地公安武警部队。可以在各种地形环境工作,包括楼宇、户外、建筑工地、会场内、机舱内,甚至坑道、废墟;4关节机械手可以轻松处置藏于汽车底部的可疑物品;满足全天候工作条件,即使在积水路面机器人仍能正常执行任务;自带强光照明,在黑暗中操作时可以准确分辨物体颜色及位置;双向语音通信系统可以使指挥中心和现场人员及时交换信息。附加摄像机、喊话器、放射线探测器、毒品探测器、霰弹枪、各种水炮枪等;模块化设计,所有部件可迅速拆装。Raptor-eod机器人的规格指标如表7-1所列。

表7-1 Raptor-eod机器人的规格指标

项目	参数值	项目	参数值
长宽高/(mm×mm×mm)	820×430×550	质量/kg	49(全配置)
满负荷连续工作/h	2h以上	抓持能力/kg	5~15
防护等级	IP65	碳纤维结构伸长度/m	1.25
最高速度/(m·min^{-1})	20	摄像功能	3台CCD摄像机,10倍光学变焦
遥控距离/m	300~500	线控距离/m	100

"雪豹"-10由中国航天科工集团公司自主研制,车体可进行前后摆臂,并

根据地形改变履带形状,从而完成不同地形的行走命令,如平地行走、跨越沟壑、上下楼梯等。机械手是排爆机器人的另一个关键部位。为满足排爆任务多是将地面重物抓住、抓牢、抓起的特点,"雪豹"-10 的机械手设计了多个自由度,同时采用多种功能机构等,保证了手爪有足够的夹紧力,确保了排爆机器人的安全性和可靠性。机械手还可根据实际需要进行随机更换。小到手机,大到 10kg 的铁块,第二代排爆机器人"雪豹"-10 都可以牢牢抓起,并按指令运送到指定位置。为保证第二代排爆机器人"雪豹"-10 动作精细、准确到位,设计人员在该机器人的电气系统中设有电机及驱动系统、计算机控制系统、光学与传感器系统三个部分。其中,电机及驱动部分装有多个电机部件,为完成每个动作提供了不同的驱动力。"雪豹"-10 排爆机器人如图 7-8 所示。

图 7-8 "雪豹"-10 排爆机器人

　　uBot-EOD 系列排爆机器人是由上海合时智能科技有限公司自主研发生产。uBot-EOD 排爆机器人由机器人本体、六自由度的机械手臂、云台监控系统和远程操控终端四部分组成。操控者通过远程操控终端对机器人及机械臂的运动进行操控。小型的排爆机器人可以爬 30°的楼梯和 35°的斜坡。履带式的结构使机器人能够适应各种路面环境,机器人可以在泥泞地中、灌木丛中、沙石地等路面行走工作。机器人的设计采用了先进的密封防水技术,可以在雨天及水中执行任务。六自由度的机械手臂可以伸到汽车内等狭窄区域里,抓取和转移可疑物品。也可以在机器人的手爪上抓上工具,将公共设施上附着的爆炸物取下。uBot-EOD 系列排爆机器人动作精细、准确到位,当发现汽车内有可疑物品时,可在机器人手爪上抓上钥匙将车门打开,并将危险物品取出。

　　uBot-EOD-A10 为上海合时智能科技有限公司研发的小型排爆机器人,它尺寸小、重量轻、装载方便、单兵背负,已广泛应用于各地市公安排爆系统。A20

为 A10 的升级产品是中型排爆机器人,它在 A10 基础上加大了机器人的抓取力度。

由于排爆机器人一般工作在非结构化的未知环境,因此,研究具有局部自主能力的、可以通过人机交互方式进行遥操作的半自主排爆机器人将是今后发展的重要方向。半自主排爆机器人就是具有局部自主环境建模、自主检障和避障、局部自主导航移动等能力的机器人,它能够自主地完成操作员规划好的任务,而复杂环境分析、任务规划、全局路径选择等工作则由操作员完成,通过操作员与机器人的协同来完成所指定的任务。排爆机器人的发展趋势如下:

(1) 标准化、模块化。目前,各种机器人研制还处于各自为政的状态,各个研究机构所采用的部件规格不一,要促进机器人的发展,必须像 20 世纪 70 年代 PC 产业的发展一样,采用标准化部件。而采用模块化的结构,可以提高系统的可靠性和增强系统的扩展功能。由于各模块功能单一、复杂度低、实现容易,通过增减模块可以改变系统的功能,容易形成系列化产品。重视机器人研制的技术通用化,结构模块化,强调研发的技术继承性,降低研究风险,节约研制经费,提高机器人的作用可靠性;搞好机器人产品的系列化。机器人作为一个机电产品,要想真正实现产业化,必须实施软、硬件分离,并且将其软、硬件模块化、标准化,每一模块都可以作为一个产品,就像汽车的零部件。标准化包括硬件的标准化和软件的标准化,硬件的标准化包括接口的标准化和功能模块的标准化;软件的标准化首先是一个通用管理平台,其次是通信协议的标准化和各种驱动软件模块的标准化。

(2) 控制系统智能化。排爆机器人作为一种地面移动机器人,经过多年的研究和发展,已取得了很多成果。早期研制的排爆机器人大多是遥控式,移动平台和机械手都是由操作员来进行操作和控制,如"手推车"排爆机器人。20 世纪 80 年代后期,由于新的控制方法、控制结构和控制思想的出现,研究人员开始研究具有一定自主能力的移动机器人,它可在操作人员的监视下自主行驶,在遇到困难时操作人员可以进行遥控干预,如以色列研制的 TSR-150 机器人,它能进行有限的障碍导航。到了 90 年代,一些移动机器人逐渐向自主型发展,即依靠自身的智能自主导航、躲避障碍物,独立完成各种排爆任务。

全自主排爆机器人近期还难以实现,能做到的是自主加遥控的半自主方式。因为地面环境复杂,虽然 GPS、电子罗盘等可给机器人定位,但在地面行驶时必须对地面环境进行建模和处理,才能决定如何行动。只有计算机视觉技术解决了复杂环境处理问题,全自主危险操作机器人才有可能实现。

(3) 通信系统网络化。通信系统是排爆机器人控制系统的关键模块之一。国外在移动机器人网络控制方面的研究取得了一定进展,出现了网上远程控制的实例。Patrick 等的遥操作机器人项目中,用户可以通过互联网用浏览器控制一台移动机器人在迷宫中运行;Luo 和 Chen 集成本地智能化自主导航远程通信开发出的移动机器人,用户可通过互联网对其进行远程导航控制。建立基于互联网的机器人遥操作,可使操作人员远离具有危险性的排爆机器人作业环境,避免造成人身伤害。

7.3 激光销毁技术

目前,美国在激光销毁弹药研究领域走在世界前列,成功开发了"悍马"激光弹药销毁系统("宙斯")和"激光复仇者"武器系统,正在研究功能更强大的固体热容激光器反 UXO(未爆弹)和 IED(简易爆炸装置)系统,它们显著的特点是:非接触、远距离、低爆轰和高机动。我国也在积极跟踪激光销毁地雷、危险弹药研究,结合地雷、危险弹药销毁工程实际,提出了利用激光打孔销毁地雷或弹丸装药、激光点火间接销毁弹药、激光辐照直接销毁弹药等想法。

1. "宙斯"——"悍马"激光弹药销毁系统

美国开发的"悍马"激光弹药销毁系统,通常称为"宙斯"(Zeus),它是将中、高功率固体激光器和束控系统集成进"悍马"车,用于排除地表地雷、UXO 和 IED 的武器系统,"宙斯"——"悍马"激光弹药销毁系统如图 7-9 所示。

(a) (b)

图 7-9 "宙斯"——"悍马"激光弹药销毁系统

"宙斯"系统由高功率激光器、光束定向器、标记激光器、彩色视频相机、控制台和相应的支持系统组成,前 4 个部件安装在一个用万向架固定的平台上。整个系统都集成进一辆"悍马"车内。"宙斯"系统的所有部件都采用了现有的商业产品。

"宙斯"系统的工作原理:利用视频摄像机侦察发现目标后,用控制手柄旋转和倾斜摄像机,直到目标处在电视屏幕的中心,然后将绿色标记激光射向目标并选择瞄准点。由于视频摄像机与激光器和光束定向器处在同一视轴上,所以当目标处在电视屏幕的中心时,激光器和光束定向器就瞄准了目标。从距离目标 25~300m 处,高能激光器产生的光束通过光束定向器聚焦加热目标弹药(在发展试验中,该系统还摧毁了一个 1200m 外的目标),使其装填的炸药着火并开始燃烧,最后目标弹药以低效率爆炸而被清除。这种方式可使销毁引起的间接破坏减少到最小,并能够通过对激光能量的调整实现对爆炸效果的控制。"宙斯"系统排除 1 个 UXO 需要 5s~4min,平均不超过 30s,其机动性强,可用 C-17 或 C-130 运输机空运,也可用直升机空投。

"宙斯"系统从 1986 年开始立项,采用的激光源经过了大约 1600 种试验,其研究历程如表 7-2 所列。

表 7-2 "宙斯"系统激光器研究历程

时间	类 型	功率/kW
1987 年	CO_2 激光器	30
1991 年	Nd:YAG 激光器	0.3
1991 年	CO_2 激光器	0.8
1994 年	灯泵的 Nd:YAG 激光器	—
1999 年	LD 泵浦的 Nd:YAG 激光器	0.5
2004 年初	Nd:YAG 激光器	1
2004 年末	掺镱的玻璃光纤激光器	2
2007 年	光纤激光器	10

初期的"宙斯"系统安装在 M113 履带式装甲车上进行论证试验,属于第一代系统。1996 年美国陆军开始研制第二代系统,并于 1998 年研制出采用 0.5kW YAG 激光器的基本型"宙斯"系统,并进行了首次试验。2002 年 10—11 月,改进型系统进行了野外试验,试验中共排除了 800 多枚地雷和未爆弹药,成功率达到 99.93%。2002 年 12 月,"宙斯"系统被部署到阿富汗,成为第一个部署到战区的激光武器系统。该系统在阿富汗工作了 6 个月,在此期间成功销毁 200 多件未爆弹药。有记录显示,该系统曾在不到 100min 的时间里销毁了 51 发炮弹。2003 年 8 月,"宙斯"系统从阿富汗返回美国本土,研制部门根据实际使用情况对其进行了大量的改进。2004 年初,系统采用了输出功率为 1kW 的 Nd:YAG 激光器。到了 2004 年末,又采用了输出功率为 2kW 的高功率 IPG 光纤激光器,同时系统重量也减轻了 908 千克。2005 年,升级后的"宙斯"系统又

被部署到伊拉克战场,参与排除 IED 和 UXO。

"宙斯"系统的表现证明了该系统能够排除地雷、雷管、手榴弹、火箭弹、迫击炮弹等 30 多种金属和塑料外壳军械,并且已经成功地排除了数千枚未爆弹药或地雷,成功率达到 99%。但是,目前该系统只能排除地表地雷。美国陆军计划采用更先进的探测装置和输出功率更高的新型激光器,使其能够排除掩埋地雷。

从以上几种激光武器系统的成熟度来看,"宙斯"——"悍马"弹药销毁系统最接近实战部署,其实战经验最丰富。它的成功证明了高功率光纤激光器良好的军事用途,这正是由于"试验—部署—再试验"的循环研制过程促进了系统的发展,这种螺旋式发展也充分证明了战场环境下的试验对于武器技术发展和作战使用概念形成的重要作用。

2. 采用固体热容激光器的反 UXO 和 IED 系统

美国能源部利弗莫尔国家实验室在成功开发高功率的固体热容激光器(SSHCL)后,提出了用激光排除 UXO、IED 和掩埋地雷的设想:首先用探测装置查明地雷、UXO 或 IED 的位置;然后用脉冲激光照射,使其在地下、水中引起微爆,掘去地雷上面的土壤或烧穿帆布、植物等其他覆盖物,使目标暴露出来;最后用激光再加热或烧穿地雷的外壳,引起内部炸药产生低效率的爆炸,从而清除目标。操作员通过控制,可以容易地选择不同的光束功率和光斑尺寸,能够最佳地实现掘土和引爆这两个过程。利弗莫尔国家实验室用 1.5kW 的 SSHCL(3Hz,500J/脉冲)进行了掘土试验,激光脉冲产生了惊人的微爆效应,其试验结果如表7-3 所列。

表 7-3 激光掘土试验结果

入射角度/(°)	脉冲个数	掘土结果	掘土效率
90	8	形成了直径 25~30mm,深约 15mm 的坑	深度 2mm/脉冲
10	40	形成了长约 100mm,最大宽度 36mm,最大深度约 22mm 的掘沟	平均 1cm^3/脉冲

利弗莫尔国家实验室还对激光销毁地雷进行了模拟试验。用 1.5kW 的激光束照射实际地雷的塑料外壳,3~4s 后,外壳很容易就被烧穿了;用 21kW 的 SSHCL 照射一个厚 1cm 的钢试件,在 7s 时(激光器关闭之后 3s),钢试件背面的温度升至 750℃;用 25kW 的 SSHCL 产生的光束聚焦到厚 1cm 的铝试件上,在不到 3s 的时间内,铝试件被烧穿为直径 3cm 的孔。

3. 激光扫雷

国内工程兵第一研究所曾经和中科院上海光机研究所合作进行过激光扫雷

初步探索,但由于所利用的二氧化碳激光器过于庞大,无法进行工程化应用而最终放弃。2007年7月,中国兵器装备研究院联合工程兵第一研究所对光纤激光器进行了适用于车载销毁地雷系统工程化研究,研究了引起TNT、RDX及梯黑装药燃烧/爆炸的激光参数阈值,并开展了大功率光纤激光器销毁金属和塑料壳地雷的原理性试验研究。试验采用的光纤激光器功率为300W,在距离激光器30m处,实现了对3mm塑料和金属地雷壳体的穿透;在平均20s时间内,实现了对壁厚3mm的混合装药试验雷的点燃。目前,正在对千瓦样机进行小型化和各分系统的改进设计,以满足照射100m左右的地雷和未爆弹试验需求,激光销毁地雷试验如图7-10所示。

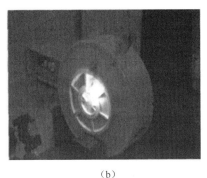

(a) （b）

图7-10 激光销毁地雷试验

4. 激光直接销毁报废弹药研究

原总装备部通用弹药导弹质量监控和保障技术实验室开展了激光直接销毁报废弹药试验探索研究,采用400W连续光纤激光器,通过激光辐照弹体试验,研究不同特征参数的激光对不同材质、不同壁厚弹体辐照效应的影响,并利用炸药爆发点评估激光辐照弹体作用效果。其试验基本原理是:激光通过光束控制系统辐照到试验样品上,调节透镜与试验样品之间的距离,从而改变样品表面上的光斑尺寸,激光与试验样品相互作用,使样品温度升高,用功率计测量激光功率,用热电偶测量激光辐照样品背面温度,从温度记录仪上读取温度。试验表明:当激光功率密度达到$1379W/cm^2$,辐照时间为80s时,试验样品温度达到303.9℃;若以TNT 5min延滞期爆发点温度290℃,RDX 5min延滞期爆发点温度230℃为评估指标,假设试验样品温度达到炸药爆发点温度时,认为与试验样品接触的炸药发生爆炸,则在上述试验条件下激光辐照弹药将发生爆炸。

5. 激光点火销毁弹药技术

激光点火销毁弹药技术是集激光点火、非电起爆、聚能引爆、机动销毁于一体的危险弹药应急处置技术。

激光点火引爆弹药用于销毁的机理主要有以下四种：

（1）热起爆机理。激光携带的能量被照射的局部起爆药剂吸收，并在一定的照射深度内转换成热能，局部积聚发热升温，形成"热点"，导致起爆药剂的燃烧或爆燃，然后由燃烧转为爆轰。增加药剂对激光的吸收率（如掺杂 C、Zr 等）能降低点火所需的最小能量（阈值）。

（2）冲击点火机理。高强度的激光射线可对炸药产生冲击点火。当强激光脉冲照射到不透明的固体表面（如铝膜）时，会产生高温、高离子化的能强烈吸收激光射线的蒸发物，并有很高的压力（约 1×10^5 MPa）作用于固体表面，因而在固体中产生强冲击波而起爆装药。

（3）电击穿机理。加压氮化铅的电击穿场强度为（1×10^7 V/cm）。当激光达到临界起爆强度时，可产生 0.7×10^7 V/cm 的平均电场强度，而且激光所具有的自动聚焦性质又可使它增强 3~5 倍。因此，激光产生的电场的电击穿作用可以使某些炸药起爆。

（4）光致分解机理。在调 Q 的情况下，激光功率很大时导致分解而起爆。激光对药剂作用的机理与激光的波长及激光的输出方式等有关。自由振荡激光器和调 Q 激光器输出的功率不同，对药剂的起爆机理就不完全一样，目前一般认为自由振荡激光器输出的激光引爆炸药的机理基本上属于热起爆机理，而调 Q 激光器输出的激光引爆炸药的机理除热起爆外，还可能存在因光化学反应和激光冲击反应引起的起爆。激光点火销毁弹药的过程可能是上述几个机理综合作用的结果。

激光点火引爆弹药的基本原理：由激光输出器所输出的脉冲激光经过透镜聚焦后进入导爆管内，聚焦后的激光先后引爆导爆管以及起爆器中的雷管，从而引爆起爆器，然后借助于起爆器中的聚能装药爆炸挤压药型罩而形成高温高速金属射流，该金属射流侵彻弹体，消耗一定射流后，剩余的金属射流继续侵彻引爆弹丸装药，从而实现弹丸爆炸，达到销毁的目的。

激光起爆系统主要由激光器、导爆管、导爆管雷管和聚能装药起爆器构成。激光器主要由激光源、增强头、水冷机和电源构成。激光源和激光器电源分别如图 7-11、图 7-12 所示。

激光器脉冲能量很高，需要实现对导爆管的单脉冲点火。当导爆管受到外界能量激发后，通过管道效应传递低速低能爆轰波，并输出冲击波冲能，主要用于连接非电传爆网络。雷管是一种瞬发导爆管雷管，能够瞬时起爆。聚能装药起爆器需要采用聚能效应的引爆装置。聚能效应的特点是能量集中、能量密度高、方向性强，聚能效应产生的金属射流具有如下特点：①高速度。金属射流头

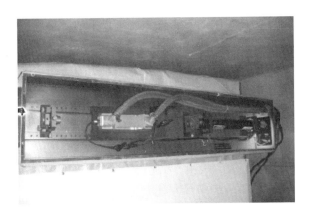

图 7-11　激光源

图 7-12　激光器电源

部速度高达 7000~9000m/s,尾部速度也在 2000m/s 以上。②高温度。射流自身温度介于 800~1000℃。③高能量密度。射流头部能量密度高达 $2.844\times10^5 J/cm^2$,尾部能量密度约为 $2.785\times10^4 J/cm^2$,如此的高能量密度是强度较低的金属射流能够击穿强度很高的厚装甲板的主要原因。④小直径。金属射流头部直径仅 2~3mm,尾部直径为 10mm 左右,使得金属射流在碰击钢甲时能量进一步集中。由于金属射流具有高速、高温、高能量密度等特性,可以借助于聚能射流的这些特性对危险弹药进行引爆销毁处理。激光点火销毁如图 7-13 所示。

国内开展了激光点火式聚能射流销毁弹药试验研究,试验装置主要由激光点火系统、导爆管爆轰传输系统和聚能起爆器三大部分组成。利用该装置进行了实弹销毁试验,试验结果如表 7-4 所列。该装置销毁危险弹药最突出的优点

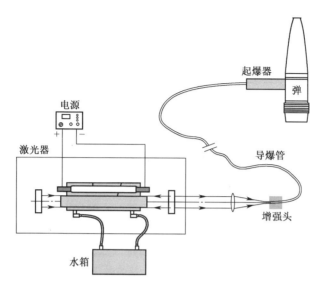

图 7-13 激光点火销毁示意图

在于其可靠的激光点火能力和强大的射流侵彻能力,较好地集成应用了激光点火技术与聚能效应,能够满足当前列装弹药远距离销毁需求;不足之处在于选用的二氧化碳激光器体积过于庞大,电源与冷却系统没有较好地优化,机动性较低。

表 7-4 激光点火式聚能射流销毁弹药试验结果

弹药名称	A 型弹药	B 型弹药	C 型弹药	D 型弹药	E 型弹药
炸药种类	黑铝	梯萘	梯铝	钝黑铝	梯恩梯
炸药重量/kg	0.159	0.414	0.725	0.0585	3.416
弹体材料	S15A 钢	钢性铸铁	D60 钢	60Cr2Ni2MoA 钢	D60 钢
测试结果	引爆	引爆	引爆	引爆	引爆

2011 年,该系统升级为机动式危险弹药聚能销毁系统,主要由聚能起爆系统、视频监控系统、销毁专用车三部分构成。起爆系统用于引爆危险弹药,主要由聚能起爆器、导爆管、导爆管雷管、导爆管起爆器等组成。视频监控系统用于监控和记录作业过程,确认销毁效果,由带防护无线摄像系统、视频记录系统构成。危险弹药销毁专用车用于为销毁作业全过程提供运输与作业平台,车尾安装防爆毯后为人员和车辆提供防护,主要由专用车辆、作业台和防爆毯构成,系统主要组成如图 7-14 所示。得到销毁危险弹药命令后,作业人员驾驶危险弹

药销毁专用车到作业地点,设置并开启视频监控系统,将聚能起爆器与调节支架连接,调节聚能起爆器使其对准危险弹药并固定其姿态。连接导爆管,驾驶销毁专用车离开现场,离开过程中释放导爆管。到达一定距离后,作业人员剪断导爆管,将导爆管插入导爆管激发器,引爆聚能起爆器,进而引爆危险弹药,从而实现危险弹药销毁,如图7-15所示。试验中25高、57高、82迫、100坦、122榴、130加弹丸均能被起爆器产生的射流能可靠引爆;57高弹丸多发集束引爆时,射流穿过的弹丸能够可靠引爆,射流没有穿过的弹丸没有殉爆;82迫弹丸多发集束引爆试验中,射流穿过的弹丸能够可靠引爆,没有穿过的弹丸被殉爆。激光点火销毁现场图如图7-16所示。

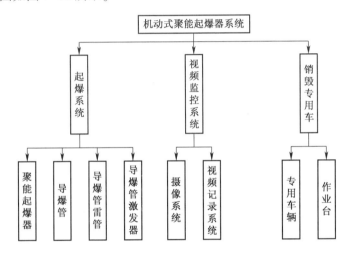

图 7-14　机动式聚能起爆系统组成

图 7-15　机动式聚能起爆系统样机及作业示意图

激光起爆系统销毁危险弹药方法与传统炸毁法销毁危险弹药相比,技术具有先进性,满足危险弹药销毁处理安全性和可靠性要求高的特点。如果将起爆器按照各种不同需要设计成一系列、多种型号,不但能够用于危险弹药销毁,还能够用于报废弹药销毁以及爆炸塔中试验弹药的引爆,具有广阔的推广应用前景。

6. 激光销毁弹药热点问题

关于激光销毁弹药热点问题集中在如下几个方面:

图7-16 激光点火销毁现场图

(1) 激光打孔侵彻不同材质弹体研究。反恐战场条件下的路边炸弹、浅表地雷、汽车炸弹等简易爆炸装置材质一般为强度较低的金属,有的甚至是塑料材质,且壁厚较薄,而军事训练、军事演习、靶场试验中的未爆弹弹体都经过特种加工处理,即使与工业打孔材质相比,未爆弹弹体材质也更加坚硬,性能更为优良,利用现有激光器打孔更加困难。因此,有针对性地开展不同种类弹体材质激光打孔研究对于探索激光销毁未爆弹具有重要意义。

(2) 大孔径,深侵彻。激光打孔侵彻弹体的主要目的是将弹体装药裸露,以便激光能够辐照含能材料,从而引起含能材料燃烧或爆炸,达到销毁目的。因此,与工业打孔精密加工相比,激光打孔侵彻弹体要求孔径更大,孔深更深,这不仅有利于激光侵彻穿透弹体,有效进入激光引燃或引爆弹丸装药过程,而且有利于释放激光与含能材料相互作用产生的气体,控制化学反应由燃烧向爆轰转变,这对于激光销毁未爆弹由爆炸处理向燃烧处理转变,实现复杂条件下重要场合未爆弹可控销毁具有极其重要的意义。

(3) 温度场变化。激光打孔侵彻弹体是一个复杂的热物理过程,其最显著特征就是激光产生的热迅速传递扩散,致使激光与弹体材质反应体系温度剧烈升高,从而引起弹体材质熔化、汽化。温度场变化一方面表明激光打孔侵彻弹体持续进行,有利于打孔形成,另一方面也表明弹丸装药在打孔过程中也在接受热传递。如果此时温度达到弹丸装药燃点,将引起弹丸装药燃烧反应,当温度持续升高,热量不断积累,必将实现燃烧向爆炸转变。因此,研究激光打孔侵彻弹体过程中的温度场变化对于控制激光销毁弹药模式具有重要意义。

(4) 工艺控制。当前工业打孔工艺业已成熟,形成了不同的打孔模式。对于激光销毁未爆弹而言,快速实现打孔侵彻弹体既是完成销毁作业的内在要求,又是消除安全隐患的迫切需求。目前,工业打孔一般采用单一模式激光,而在激光打孔侵彻弹体中,可以考虑采用混合模式,即通过连续激光辐照加热弹体,通过脉冲激光完成打孔,这种设想正在试验验证中。另外,激光销毁未爆弹具有远距离直接销毁的特点,因此,在距离目标弹药 25~200m 上,如何控制激光衰减,实现激光聚焦也是一个研究热点。

(5) 小型高功率激光器研制。激光销毁弹药过程中,如何在有效控制激光器体积、简化激光器结构的基础上,提高激光器的效率和功率,有效实现大口径、大壁厚、钝感装药弹药的远距离、高可靠销毁,是激光销毁弹药研究的关键问题之一。光纤激光器以其器件结构简单,体积小巧,使用灵活方便的特性,成为解决此问题的一个热点方案和方向。

7. 销毁危险爆炸物未来发展动向

(1) 向危险弹药销毁领域拓展。目前,"宙斯"系统主要针对路边炸弹、浅表地雷、简易爆炸装置等战场恐怖爆炸物。与制式弹药相比,这些危险爆炸物一般外壳为强度较低的金属,有的还是塑料材质,且壁厚较薄,装药量较少,利用目前的激光器能够实现对其销毁。然而随着国防科技的迅速发展,在弹药科研生产、兵器试验、部队训练、野外演习、勤务处理、修理处废、后方仓库储存供应保障以及地方基础设施建设中经常会出现不同姿态、不同状态、不同地形条件下的射击未爆弹、跌落弹药、事故弹药、技术处理障碍弹药以及历史遗留的旧杂式弹药和不明技术状况危险爆炸物。这些危险弹药通常采用炸药包殉爆方式销毁,存在着较大的安全隐患。因此,长期以来,安全高效环保地处理危险弹药一直是国内弹药销毁领域关注的重点。利用激光销毁危险弹药将开创危险弹药销毁新模式,推动销毁手段革新。

(2) 实现车载激光器工程化设计。光纤激光器是近几年激光领域人们关注的热点之一。在同样的输出功率下,光纤激光器的光束质量、散热特性、光传递特性、可靠性和体积大小等都占有优势,易于实现高效率和高功率。采用更大功率的光纤激光器不仅能销毁口径更大、弹体更厚、弹丸装药感度更低的报废弹药,而且能够从更远距离销毁危险弹药,提高销毁效率。随着实战化训练力度加大和兵器试验深入开展,山地、丛林、滩涂、高原高寒地区等复杂地域环境产生未爆弹药、地雷、爆破器材等危险爆炸物的概率加大,提高危险爆炸物销毁的机动性日益突出。光纤激光器由于器件结构简单,体积小巧,使用灵活方便,使车载激光器工程化设计成为可能。

（3）激光与危险爆炸物作用机理研究。目前,一般从激光与材料相互作用出发,认为激光对危险爆炸物作用主要以热机理为主。在这方面,国内研究集中在激光与裸露装药相互作用,较少关注激光与带壳装药相互作用,而对于激光直接销毁危险爆炸物作用机理研究鲜见报道。激光与危险爆炸物作用机理研究是一个复杂的热物理过程,涉及光学、热学、材料力学、爆炸力学等多个学科专业,需要综合运用现有研究成果和研究手段,从多角度多层面分析研究,特别要关注激光侵彻弹体过程中,激光作用对弹丸装药的影响,着力探索激光引爆与引燃销毁危险爆炸物的临界条件,这是实现激光销毁危险爆炸物的关键所在。

7.4 高热剂燃烧销毁技术

高热剂燃烧是一种自蔓延燃烧放热反应,顾名思义,它是靠自身化学反应释放的能量来维持后续反应的进行,不需外界再输入任何能量,直到反应完毕。最早发现并为人们所利用的自蔓延放热反应为黑火药的燃烧反应。1865 年,Bekettov 第一次发现了被后人称为铝热反应的反应过程。"铝热法"这个名词的出现则是在 1908 年,Goldechmidt 在研究一系列的金属与金属氧化物的反应后,用此名词来描述金属氧化物与金属铝反应制备金属或合金的放热反应。其后,人们对铝热反应在理论和应用领域进行了广泛的研究,铝热反应的内涵也不断扩展,不再局限于金属与金属氧化物之间的反应,还包括金属与非金属氧化物之间的反应。能发生此类反应的广义铝热剂在我国则被称作高热剂。高热剂在燃烧时生成新的金属和金属氧化物,可以用于合成新型材料和制备无碳纯金属。这一点通过不断研究扩展,现已发展成为一个新型的理论和应用研究领域——燃烧合成。高热剂燃烧放出很高的热量,是良好的化学热源,这一点在燃烧焊接、燃烧切割以及军事上的燃烧破坏等应用领域得到了很好的体现。有不少文献记载了这些方面的技术应用。但是将高热剂用于销毁领域,特别是弹药销毁领域,目前还比较少见。在国外只有少数的几个专利涉及了这一方面。美国专利 US5698812 中描述了一种由铁铝铝热剂(也可以是锰铝铝热剂、铬铝铝热剂)构成的燃烧破坏设备,可以广泛地用于烧毁和破坏诸如变压器、装甲车辆发动机、传动装置、火炮以及地雷等目标。显然,这种技术不是专为弹药销毁而设计的。法国专利 DE19740089C1 介绍的则是一种利用铝热剂专门销毁有毒物质及军火等化学物质的技术手段,就是将铝热剂制成的燃烧装药置于装有有毒物质的容器或弹药上,通过铝热燃烧产生的高温烧穿容器或弹壳,以引燃内部物质达到销毁目的。特别是其热效应,还可对诸如炭疽孢子、化学试剂之类严重危险物质及其制备设备进行销毁和破坏。

俄罗斯研发出一种销毁过期弹药的装置,称为"毁灭者",该装置有一个金属杆,内部装有纵火混合物,与过期弹药内的炸药接触后用电信号触发,弹药内的炸药即可被焚毁。焚毁过程中不会发生爆轰,也不会产生爆轰波,甚至连声音都很小。另外,俄军也在引进名为"破碎器"(destroyer)的新技术来销毁过期弹药,取代目前仅仅靠炸毁旧炸弹和火箭的危险做法。"破碎器"是一种装有燃烧性混合物的金属棒,由电发火触发,可以安放在过期的军用弹药上并引燃其中的炸药。该装置是一家乌拉尔企业研制的,已经通过了测试,并正在整个中央军区推广应用,并用空弹壳来支付销毁费用。该军区有两个武器库在 2011 年分别发生了爆炸事件,数吨旧弹药炸毁了邻近的村庄,导致了大规模撤离、巨大的破坏和几名人员死亡。俄罗斯国防部 2014 年前销毁的 300 万 t 过期弹药中 16 万 t 计划用"破碎器"来销毁。

对于落在机场跑道或高等级道路上未爆的航空炸弹,要将其进行转移或其他的机加工操作,会存在较大的安全问题,要直接实施就地爆炸销毁又会形成巨大的弹坑,破坏跑道和路面。另外,当下最为常用的爆炸法处理废旧弹药,因产生一些附带破坏效应,如爆炸冲击波和爆破震动等,故对销毁场地要求严格。针对上述情况,将高热剂作为良好的化学热源对弹药实施燃烧销毁,既可以使安定性不好的弹药就地销毁,减少转运过程中的风险,又能使大药量的弹药在销毁过程中不产生对周边环境附加的破坏效应,同时也降低对销毁场地的要求,增加了销毁过程的方便性。高热剂与国外所称的广义铝热剂(thermite)是同一概念。它是由金属粉末(M)和能与该金属粉末起反应的金属氧化物(还包括少量的非金属氧化物)(AO)混制而成的。两者反应最一般的形式为

$$M+AO \rightarrow MO+A+\Delta H$$

高热剂燃烧过程区别于其他烟火药燃烧的特征如下:

(1) 燃烧反应温度高,大多数使用的高热剂是在 2000~2800℃ 范围内;

(2) 燃烧时形成熔融的红渣。用高热剂燃烧销毁弹药主要是利用铝热反应产生的高温熔渣(大多数高热剂燃烧温度都在 2000~2800℃ 范围内,更有甚者可达 3000~4000℃,能形成高温液态产物)。对于薄壳弹,高热剂产生的高温直接熔穿弹壳,点燃内部装药,燃烧产生的气体释放出去,不至于形成高压而使燃烧转为爆轰,保证了燃烧销毁的安全性。对于稍厚一点的弹壳,高热剂产生的高

温虽不能直接熔穿弹壳,但可使弹壳软化,强度变小,壳内间接被高温引燃的装药产生的膨胀气体形成高压,可冲穿软化部分的弹壳,使高压气体得以释放,继续保持燃烧销毁。销毁过程中,高温液态熔渣是传递销毁能量的唯一介质,其质量的大小间接地反映了销毁能量的大小。在温度满足的条件下,高温熔渣的质量是体现高热剂销毁能力的一个关键指标。高热剂燃烧速度过快,燃烧过程中反应物及熔渣飞溅现象严重,会使热损失加大;而热量在很短的时间内集中释放,来不及传导到更大区域的弹壳中,能量不能充分吸收。对于金属而言,只有受热时间达到一定限度时,才会在表面产生熔化现象。高热剂较缓而均匀的燃烧速度,有利于提高销毁能量的利用率和过程的控制。

根据烟火剂中燃烧剂的配方原理,并以反应过程中生成高温液态产物质量要大,反应速度尽量缓慢且均匀为原则,选择 Al 作高热剂中的金属燃料;Fe_2O_3作高热剂中的氧化物成分。对铁铝铝热剂进行组分配比及添加剂的优化试验,最终得到的优化销毁药剂配方为:$wAl/wFe_2O_3/wA = 22/78/7$(添加剂为 A)。药剂装填密度为 $2.521g/cm^3$。采用的高热剂的直接熔蚀能力外加模拟弹药内部炸药燃烧产生的气体的膨胀作用能使 10mm 弹壳厚度以内的薄壁弹穿孔,如图 7-17 所示。

(a)　　　　　　　　　　(b)

(c)　　　　　　　　　　(d)

(e)   (f)

图 7-17 热剂销毁模拟弹试验

(a) 模拟弹药实物；(b) 装药完毕准备点火；(c) TNT 正在燃烧销毁；
(d) TNT 即将燃烧完毕；(e) 弹顶部形成的孔洞 1；(f) 弹顶部形成的孔洞 2。

7.5　未爆弹处理

未爆弹主要是指交战双方发射或设置后未发挥作用的弹药，或由遗弃、丢弃、掩埋等产生的战争遗留废弃弹药，或由训练、试验、演习等产生的未爆炸弹药，或弹药燃爆事故后残留下来的未爆炸弹药等，也包含采用爆破法销毁弹药时未能爆炸的弹药。

未爆弹严重威胁周围环境内的人员和财产安全，它的存在对成功的军事行动也是一种严峻的阻碍，有时甚至会影响到战争的胜负。未爆弹清理比较困难、费用较高，处理不当会造成严重的危害。平时训练需要及时清理未爆弹，战时更需要及时排除敌方布放于补给线、机场跑道、桥梁、道路等重要场所的未爆弹，因此，探寻一个安全性、快捷性、可靠性较高的未爆弹销毁技术具有十分重要的意义。

射击时意外"瞎火"残留于地表或钻入地下土壤的未爆弹，虽然引信未能顺利作用引爆弹丸，但是其保险机构可能已经解除保险，弹药处于待发状态，这类未爆弹受到较小的外力就可能引发意外爆炸事故，状态不稳定性伴有高度危险性。例如：1985 年某部进行 65 式 82mm 无坐力炮射击时，出现 5 发未爆弹药，由于处理不当引发意外爆炸事故，死亡 3 人。1988 年某部在组织 69 式 40mm 火箭筒弹射击时，出现 1 发未爆弹，由于处理不当，引发意外，死亡 2 人。

部队训练演习中，经常遇到未爆弹处理安全问题，安全、彻底、高效地处理未爆弹是弹药保障工作中的一项重要内容,未爆弹应进行彻底地清查,及时就地销毁,切莫随意挪动。

未爆炮弹处理技术是一个复杂的系统工程,按照未爆弹处理工作时序,可以划分为三个不同阶段,分别是未爆弹的探寻、暴露和销毁,三阶段包含各自不同的技术内容。未爆炮弹处理的每一个阶段都充满着危险性,为化解这种危机,需要专业性很强的技术和设备,需要经费投入和科技支撑。未爆弹处理关联到许多专业学科知识,未爆弹的清理是一项耗资巨大的工程项目。

美国为了评估和研究来自未爆弹和各种简易爆炸装置对军事活动的影响,由国防部牵头成立了一个联合机构,称为未爆弹和简易爆炸装置清除机构,人员主要由研究所、院校、相关工厂、能源部等组成,应对未爆弹和各种简易爆炸装置系统。

美军早在20世纪70年代就建立了应急部队,负责重要场所未爆弹的探测、排爆和抢修,装备有英国研制的战斗工兵车等探测和排爆装备。进入80年代以来,随着机器人技术的发展,美国及西欧集团不惜投入巨额资金,研制用于危险场所作业的排爆机器人。

20世纪80年代初,世界各国相继研制了重型弹药探寻、挖掘、销毁装备。欧美一些国家从20世纪80年代就开始研发配备有机器人的遥控型扫雷车。例如美国的机器人扫雷车,该车以某一型号的主战坦克为基础车,它具有探寻雷场、开辟通路和标示通路三大功能。以25t级的新型履带式步兵车为基础车的扫雷车,其系统包括扫雷装置和爆破装置;此外,英国皇家工兵部队的MK8型遥控扫雷车、苏联的YP-77装甲爆破扫雷车、法国RM200型机器人车辆等都可用于清理地表爆炸物。

20世纪90年代,美军无人驾驶地面车辆计划中涉及一些处理未爆弹的装备,该遥控系统由一个25t的履带式推土机加反向铲组成,用于处理未爆弹和快速修复道路。该系统配备有立体摄像机、激光扫描仪、专业微处理器、GPS导航系统和可更换的末端机械手。在美国海军的RONS系统计划中,也涉及研制海军的爆炸物处理机器人,该系统是一部6轮铰接式履带车,装有可拆卸的CCD摄像机、照明装置、通信装置及一个多方向多功能机械手。

瑞典卡尔斯库加的Dyasafe公司出售的(MIC8-17型)未爆弹处理机器人,其基本组成为一辆长1.7m的6轮遥控车,装配有2台彩色摄像机和一个机械手臂、导航系统、三维视觉系统、遥测装置、喷枪和可更换抓取装置。这些设备都代表着当今世界遥控扫雷、处理未爆弹的先进水平。

可以看出,国外在扫雷和排爆装备上的巨大投入,加快了排弹保障装备朝着遥控、智能化方向发展。目前,重型排爆设备只能用在交通相对便利的环境,而对于交通不便、环境复杂的部队训练场合,大型装备无法代替小型排爆作业装备,仍然用人工排弹或人工辅以先进的小型处理装备的作业方式。由小型装备质量轻、方便携带、经济实用、作用可靠,用于处理未爆弹的小型排爆装备同样可以发挥较大的作用。

未爆炮弹的处理要求快速及时,因此未爆弹处理装备器材应具有良好的机动性,满足分队携带方便、使用快速、作用可靠等要求。一般包括弹体夹具或套具(能够将未爆弹夹持住或套住的工具)、牵引绳索(强度足够,长度50m以上)、防护挡板、防护服装、防弹头盔等,还需要设置临时掩蔽沟壕等。配备齐全的未爆弹探测装备、起爆器材、防护装备是未爆弹销毁分队的快速反应能力和排弹作业效率,是安全、快速、可靠排除未爆弹十分必要的条件。部队训练、作战、演习过程中产生的未爆弹药落点随机,多分布于地面或地表为主要背景的环境中,并且姿态多样、高度危险,由于发射时弹药带有一定的冲击动能,落地后往往倾入土壤,造成搜寻困难。

(1) 落点随机性。射击炮弹由于射弹散布因素的作用,其落点具有很大的随机性。根据地面火炮的射弹散布规律,在落弹区横轴方向的散布范围较小,而在纵轴方向上的散布范围较大,后装炮弹的射弹散布一般为1/300(中间误差与平均射程之比,下同),迫击炮弹的射弹散布为1/200。未爆弹散布范围通常用绝对距离来描述,可以通过散布参数和具体弹种的射程计算落弹散布范围。例如,130mm加底排增程弹,其射弹散布为1/150,按最大射程38km计算,则近弹点与远弹点的相对距离可达2.03km,也就是说,未爆弹可能会散落在纵向2.03km的椭圆区域内。

(2) 姿态多样性。受弹药外形、重量及弹着处地形、地貌、地物、地质的影响,未爆弹着落后的姿态呈多样。根据有关资料信息,弹着姿态包括:①裸露于地表,或横卧,或头部插入土层,斜卧于地面;②钻入松软的地表土壤下,深度从数十厘米到数米不等;③落入草丛或其他茂密植被地区;④嵌入悬崖陡壁,也有悬挂于树枝、树杈上,或落入水塘,沉没于泥中。

(3) 搜寻困难性。未爆炮弹落点的随机性和散布范围较大,且大部分未爆弹不是明显暴露在地表上,使得未爆弹位置确定或搜寻查找比较困难,曾发生未爆弹搜寻处理不彻底而引发的事故。例如,1979年11月,某部进行65式82mm无坐力炮实弹射击,共发射破甲弹12发,出现3发未爆弹。射击结束后,该部派出专门人员对未爆弹进行搜寻查找,由于射击场存有积雪,平地积雪厚度约20cm,凹坑处雪深约1m,在积雪地带搜查未爆弹相当困难,虽经数小时拉网式的搜寻,但只找到3发未爆弹中的2发。数日后,遗留在射击场的1发未爆弹被当地儿童捡拾玩弄,发生意外爆炸,2名儿童当场被炸致死。

(4) 处理危险性。未爆炮弹处理工作是一种高度危险的工作,经过设计、投掷的弹药,虽未正常爆炸,一般情况下弹药引信的保险已经解除,任何再次的振动、撞击都有可能使其发火爆炸,因此处理未爆弹时应避免振动、冲击等危险性较高的行为。

1. 未爆弹探测

未爆弹的探测是一个国际性的技术难题,同时也是各国弹药保障人员寻求解决的一个热点问题,目前主要采用电磁探测、声探测等技术,电磁探测易受到地下金属材料和其他影响电磁的地矿物质材料的干扰,且电磁探测只对金属材料有效,对于非金属壳体的弹药不能感知,无法判定弹药的形状和大小,无法确定弹药的种类。对落在地表面的未爆弹搜查相对容易,而钻入地表下、沉入水中的未爆弹的搜查则更加困难。泥土中或水中的未爆弹的探测与挖掘,需要借助于探针或探器探准未爆弹的准确位置。目前泥土中或水中未爆弹的暴露技术,主要是解决挖掘过程中操作人员的安全问题。挖掘工具如图7-18所示。

图7-18 挖掘工具

一般采用"考古式"挖掘方式,小心地将弹体上方泥土剥开清理,使弹体外露。清理过程中不要触碰弹体或引信,挖掘未爆弹时应尽量减少作业人员。未爆弹的暴露并不存在技术壁垒,以现有的挖掘设备经过改装、改造、增加防护等方式,能够满足未爆弹挖掘过程中的人员安全。

2. 未爆弹移动

在某些情况下不允许实施未爆弹的就地炸毁,如未爆弹落点距居民区、交通要道、重要设施附近,此时不得不移动未爆弹。下面介绍未爆弹牵引移动方法。

(1) 工具准备。

① 弹体夹具或套具,即能够将未爆弹夹持住或套住的工具。

② 牵引绳索,要求耐拉强度足够,长度 50m 以上,重量较轻。
③ 防护挡板、盾板或临时设置掩蔽沟壕、挡墙。
(2) 移动方法。布置必要的警戒,并疏散附近人员,采用隐蔽牵引,逐步逐段缓慢移动的方式,转移未爆弹,具体操作方式如下:
① 在转移的路径铺上沙子或薪土,防止牵引移动的未爆弹横向滚动,同时减少弹药与地面的摩擦、冲击。
② 将未爆弹套住,连好牵引绳,将防护挡板放在距弹体 50m 处,操作员位于防护挡板之后,做好牵引准备。
③ 操作员牵引弹体,移动 20m 后停止。
④ 将防护挡板后移 20m,并将卷缩部分的牵引绳伸展到防护挡板后,做好下一段牵引移动准备,以此步骤逐段进行,到达指定位置。

3. 未爆弹销毁

未爆弹类别很多,除危险特征相同以外,无其他相同特征,使得未爆弹的处理与销毁技术无固定的模式。未爆弹的销毁需要考虑弹药威力、周围环境、处理条件等多种因素。

炸毁未爆弹的一般操作方法是用土在弹体旁边堆积放置爆药包的土台,土台一般依未爆弹在地面上的姿态,按照有利于殉爆的原则设置,起爆药包放置于土台上或近旁,起爆作用方向对准弹药易于起爆端;榴弹靠近引信或弹壳最薄处放置;穿甲弹靠近弹尾引信放置;破甲弹靠近锥形装药的药型罩部位放置;炸药包一般应放于被起爆弹体上方或侧面;炸毁装黄磷的发烟弹和燃烧弹,炸药宜置于弹体侧下方,主要是避免起爆后将黄磷药剂埋入土中不能彻底氧化。作业人员穿防弹衣,戴防弹头盔,作业中时刻注意操作安全,严格按照作业程序进行。特别提醒,严禁将未爆弹带回库房。

4. 未爆弹处理方法

未爆弹药由于高度危险,发现后一般采用就地销毁的方法处理,未爆弹的处理主要有以下几种方法。

(1) 拆卸处理未爆弹。采用人力拆卸未爆弹是一项极其冒险的行动,未爆弹可能处于解脱保险状态,外界能量的任何刺激都有可能引发意外爆炸,拆卸过程的搬动、装卡固定等机械力可能触动待发状态的击针,造成击针激发,引起意外爆炸。再者,未爆弹曾受到过较大的冲击力,引信、弹体可能已经变形,不利于拆卸或无法拆卸,因此,拆卸未爆弹是不可取的方法。但许多复杂的情况需要冒险排除,必须加强排爆人员防护,配备必要的防护装备和排爆工具,防雷鞋和穿着笨重防护服的排爆人员如图 7-19 所示。

(2) 爆破销毁未爆弹。采用引爆的方式处理未爆弹,需要由专业技术人员

（a） （b）

图 7-19 排爆防护工具

(a)防雷鞋；(b)穿着笨重防护服。

操作，应注意增加防护，选择适当的引爆方法，主要有炸药包引爆、炸药块引爆。操作过程中，作业人员直接接触危险弹药，需要倍加小心。

（3）未爆弹的冷冻处理。未爆弹的冷冻处理是美国人曾采用的未爆弹清理方法，利用遥控手段将未爆弹装入盛有液氮的容器中，用冷冻方法使弹药失效，这种方法适用于单发未爆弹的处理。另一种方法是采用喷洒冷冻剂的方法处理未爆弹，这种方法需要耗费大量的材料，还会造成环境污染。在未爆弹蔓延区域，向未爆弹药蔓延区域喷洒冷冻液，以使其失效，然后收集这些弹药，并将其放入冷冻液中，使其保持在深冷和失效状态，以便后期转运处理。该方法用甲醇冷冻液，将甲醇喷洒在未爆弹蔓延区域，甲醇蒸发，使弹药冷却并失效。该方法使用的设备包括一台喷洒冷冻液的设备，一台装甲防护推土机，用于搜集失效的未爆弹；一台转运机具，用于将保持在冷冻状态的未爆弹从蔓延区域搬运出去。在未爆弹蔓延区域喷洒 1/2 英寸（12.7mm）厚的冷冻液，便可以使雷管处于超冷状态，使得点火的电源输出电压很低，以至于电点火头失效不能发生作用。喷洒冷冻液后未爆弹的拣拾、移运，采用遥控机械设备完成。

（4）高压磨料水切除弹丸引信。高压磨料水切除弹丸引信是一种危险弹药现场处理方法，该方法主要用于外露弹药引信的切除，对于现场有必要清除弹丸装药的情况，也可以使用该方法。未爆弹在发掘地点只有少许露出部位时，通过高压液体（直径 5mm 且压力超过 100MPa 射流）切割爆炸物的坚固外壳，然后以较小的压力，较大的液体流量，溶解或冲刷去除炸药。爆炸物切割器以高压射流和低压大水流同时输入。高压射流喷头在弹药切割处小范围内移动，以水作为切割液体来切开炮弹和冲刷引走炸药，可以很快处理许多不能引爆、不能移动的弹药，保护周围财产的安全。该技术可以用于机场、车站等处排爆作业。

（5）远距离射击销毁未爆弹。非接触销毁未爆弹，就是使引爆炸药不接触弹药,对未爆弹实施炸毁。这种方法对于机械作用敏感弹药、电磁敏感弹药和热敏感弹药具有重要的意义。采用射击击毁未爆弹的引信降低未爆弹的危险性,也可射击引爆未爆弹达到销毁未爆弹的目的。这种方法避免了作业人员近身接触未爆弹,但其可靠性不高,具有一定风险。

(6) 撞毁未爆弹引信销毁未爆弹。撞毁未爆弹引信是德国用于未爆弹处理的方法。其处理思路是破坏未爆弹的引信,防止它在弹药的搬运、分解拆卸中发生危险,以改善未爆弹处理条件,确保操作安全。方法是使用发射器(管)发射专用小弹丸,发射器架设在合适的位置上,装填好事先准备好的发射药和小弹丸,将发射管口对准未爆弹引信,点火后火药气体推动小弹丸以一定的速度向前飞出撞击引信。撞击可破坏引信的机械装置,使引信体变形击针不能运动,引信失去引爆功能,也可能将引信撞掉,这两种情况都能达到破坏未爆弹引信的目的,从而提高未爆弹下一步处理的安全性。

(7) 烧毁未爆弹。利用高温火焰熔穿弹丸壳体,引燃或引爆弹丸内部装药,达到销毁危险品弹药的目的。这种方法通常对薄壁弹丸和体积比较小的弹丸有效,如子母弹的子弹。将点火头靠近弹丸壳体远离引信的一侧,弹丸壳体较薄的部位,送入可燃气体,并经远距离点火的方式点燃。高温火焰烧毁的弹丸有可能出现烧爆现象。试验表明,烧毁体积较小的未爆弹会出现两种情况:一是低速爆轰或不完全爆轰,爆炸产生的破坏效应远小于用炸药块引爆的结果;二是燃烧,炸药燃烧产生的火焰从烧蚀部位喷出,直至燃烧完毕。子母弹子弹高温火焰烧毁前和烧毁后如图7-20所示。

(a)

(b)

图7-20 高温火焰熔穿子弹前后图
(a) 烧毁前;(b) 烧毁后。

5. 利用聚能金属射流处理未爆弹

第二次世界大战以后,聚能装药技术在反装甲目标方面得到了应用,该技术在起爆器材方面的应用也取得了不少进步,特别是在未爆弹等危险爆炸物的清除上发挥了巨大的威力,形成了一系列使用方便、安全可靠的排爆器材。

1) 金属射流引爆原理

金属射流引爆机理:金属射流侵彻靶板时会产生冲击波,炸药在金属射流作用下的起爆,可以认为是冲击波引爆。冲击波在炸药内部产生热点,炸药发生热分解,当产生的热量大于散失的热量时,形成热集聚而使炸药爆轰。金属射流冲击弹药引爆原理,可以简化为破片和盖板后炸药的作用模型,金属射流对盖板装药的作用过程如图7-21所示。

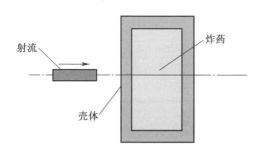

图7-21　金属射流引爆未爆弹的基本原理示意图

金属射流作用于弹丸壳体,其内部装药会产生强烈的射流冲击波,当这种冲击波在炸药中产生的压力超过炸药临界压力时,炸药就会产生爆炸。假如盖板比较厚,金属射流作用于盖板穿透过程中,就会在射流头部形成弯曲冲击波,弯曲冲击波进入炸药时,当冲击波对炸药的作用强度(即应力波强度)和作用时间达到某一临界值时,弹体装药受金属射流冲击波的影响就会引发爆炸,如图7-22所示。

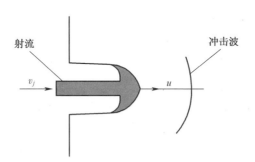

图7-22　金属射流激起的冲击波

如果炸药为裸装炸药或者覆盖板比较薄,金属射流速度有时会大于冲击波速度,当金属射流高速撞击炸药时,产生的冲击波就会瞬时引爆装药。一般来讲,金属射流速度较高,直径较细,发生直接冲击引爆能力较强。聚能破甲弹金属射流,引爆带壳装药现象就属于这种情况,冲击起爆判据由 Bruno,Normand,Wiliam 等在弹道学第十四次国际会议上发表的文章中指出,当冲击波直接作用于非均相高能炸药时,其冲击起爆判据为

$$P^n t = C$$

式中:P 为作用在炸药表面的冲击压力,对于高能级炸药指数 $n>2.3$;t 为飞片中冲击波来回传播的时间;C 为与炸药性质有关的常数。

金属射流侵彻盖板时所产生的脱体冲击波传播速度大于金属射流在盖板中的侵彻速度。因此,冲击波先行到达装药表面,在一定条件下可以引起装药的爆轰,有时出现射流未贯穿盖板,但仍然能够引起盖板后装药爆炸。这一过程比较符合爆炸成型弹丸(explosively formed projectiles,EFP)动能弹丸穿透引爆原理,当 EFP 以 1800m/s 的速度侵彻钢盖板时,在盖板中产生的脱体冲击波经装药与盖板界面反射和透射后,传入 TNT 炸药中的透射冲击波压力为 12.89GPa,大于其冲击起爆阈值 10.4GPa,冲击波可以引起盖板内的 TNT 装药爆炸。

通常将撞击速度处于 1300~3000m/s 称为高速侵彻。EFP 以 1500~3000m/s 的速度侵彻目标,EFP 侵彻为高速侵彻。当 EFP 以 1600m/s 的速度侵彻盖板时,进入装药中的冲击波就可以引起装药爆炸,目前多种数据显示 EFP 完全能达到该速值。撞击速度处于 3000~12000m/s 称为超高速侵彻,射流侵彻靶板即为超高速侵彻。金属射流的速度超过 EFP 的速度,产生的冲击压力远大于炸药临界起爆压力,炸药可以因受冲击波作用而引起爆炸。根据《爆破器材与起爆技术》介绍,起爆炸药测到对抛射体临界速度范围,铜为 360~1150m/s,铝为 100~1720m/s。

金属射流具有高速度、高温度、高能量密度等特点,使得弹体装药在金属射流作用时,能够引起剧烈的温度变化,炸药热感度限制了炸药的热安定性,在一定温度范围内,超过这个温度范围必然引起炸药的热爆炸。金属射流冲击时产生的温度,远大于多数炸药的热感度范围,可以说金属射流的高温能够引燃或引爆弹丸装药。金属射流作用于弹体装药时,其对炸药的撞击和摩擦损耗了部分能量,这部分能量以热能的形式传递给炸药,在炸药内产生"热点",引发炸药爆炸。基于上述理论观点,金属射流能可靠引爆弹丸装药,金属射流穿透钢板瞬间如图 7-23 所示。

2) 金属射流引爆的应用

近年来,将聚能爆破技术用于水下岩体爆破、水下切割船体、水下钢筋切割等方面。聚能装药技术也用于排除未爆炸弹。利用聚能装药销毁未爆弹有两种方式:一是利用这种聚能装药技术切开未爆弹;二是利用聚能装药技术引爆未爆弹。利用聚能装药技术切开危险弹丸使用如图 7-24 所示的聚能线性切割器。

图 7-23　金属射流穿透钢板瞬间

图 7-24　聚能线性切割器

1997年商健等在《爆破》第4期上发表"销毁大口径弹药用线性切割器的设计"一文,介绍:"根据聚能侵彻理论和实验研究,设计了销毁大口径弹药的线性切割器,运用爆炸流体力学理论实验基础上的半经验公式,计算了线性切割器的侵彻深度,设计的切割器用于销毁作业,满足了使用要求。"2000年7316部队的祝逢春、邓振礼、胡瑜等在《火工品》杂志上发表了"线性聚能装药切割航空炸弹可靠性评估"一文,论述了这方面的研究成果,通过理论计算和模拟试验,设计制作了切割三种航空炸弹的线性聚能装药切割器,成功切割了10余枚航空炸弹。从他们得到的结果看,采用线性聚能装药切割航空炸弹(切开且不爆)具有较高的可靠性,采用这种先切开后烧毁的排弹方法可行、实用,并在某部队未爆弹排除工程实践中应用。2008年11月,在某报废弹药销毁机构炸毁场,利用特制的聚能引爆器开展了某小口径薄壁弹丸销毁试验。弹丸与聚能引爆器设置如图7-25所示。

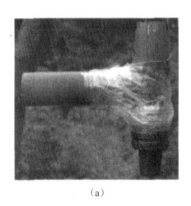
(a)

(b)

图7-25 弹丸与聚能引爆器设置

聚能金属射流引爆未爆弹技术比较成熟,已经在英国、瑞典等国应用。最有代表性的是瑞典的波费司公司,采用聚能装药的方法,设计了能用非接触方式引爆多种未爆弹药的SM-EOD系列装备,由聚能破甲部分、起支撑作用的三脚架、可以自由弯曲的颈部支撑杆、传火起爆装置(导爆索、导爆管、火焰雷管和点雷管等)构成。针对未爆弹处理的不同情况,部分型号还配有瞄准具。在应用中可根据实际情况调整三脚架长短、角度和颈部、支撑杆的弯曲度,从而达到最佳的瞄准位置,不易直接瞄准时,可以通过瞄准具加以修正。根据装药量和作用距离的不同分为各种不同的型号。该技术优点是结构简单、使用方便、处理费用低。当前美军为对抗路边炸弹,利用这种技术试验销毁土壤下弹药的可行性,并与排爆车结合用于伊拉克战场和阿富汗战场路边炸弹排爆。图7-26、图7-27所示为2009年美军进行的聚能装药排爆试验,并将这种排爆技术与机器人技术结合,实现了无人现场参与的安全排爆方法,消除了人员直接排爆的危险性,如图7-28所示。

3)主要聚能引爆弹产品

(1) SM-EOD20聚能引爆弹。SM-EOD20聚能引爆弹能够引爆可见的或被雪、水、土壤覆盖厚达10cm的未爆弹,也可以用于水下作业,其技术指标如表7-5所列。

图 7-26　非接触销毁射击未爆弹引爆器方法

图 7-27　美军排爆试验

图 7-28　美军排爆机器人

表 7-5 SM-EOD20 聚能引爆弹技术指标

外部直径/mm	24
长度/mm	55
总质量(带三脚架)/g	96
炸药	HWC94.5/4.5/1
炸药质量/g	11.5
药型罩材料	铜
壳体	塑料
包装	每箱含 50 号三脚架、SM-EOD20 各 12 枚

（2）JN-CW35 型聚能引爆弹。该弹是在未爆弹销毁方面使用最广泛的型号,它能够处理引爆裸露地面,或埋藏于土壤 20cm 以内的未爆弹。该排爆弹采用聚能炸药,装药量为 55g,也可用于水下作业,其技术指标如表 7-6 所列。

表 7-6 JN-CW35 型聚能引爆弹技术指标

外部直径/mm	35
长度/mm	90
总质量(带三脚架)/g	215
炸药	HWC94.5/4.5/1
炸药质量/g	55
药型罩材料	铜
壳体	塑料
包装	每箱含 30 号三脚架、JN-CW35 各 12 枚

（3）SM-EOD67 聚能引爆弹。可用于销毁各种配有电子装置(电子装置的地雷、有绊线的地雷、电子引信等)的未爆弹,能够引爆裸露或被雪、水、土壤覆盖的未爆弹药,也可以用于水下作业。引爆弹上配备有瞄准装置,能销毁 0.5~3m 距离上的未爆弹,其技术指标如表 7-7 所列。

表 7-7 SM-EOD67 聚能引爆弹技术指标

外部直径/mm	70
长度/mm	162
总质量(带三脚架)/g	970
炸药	HWC94.5/4.5/1
炸药质量/g	444
药型罩材料	铜
壳体	铝
包装	每箱含 4 系统三脚架、SM-EOD67 各 16 枚

（4）SM-EOD130/190聚能引爆弹。装药较多，外部直径为198mm的聚能引爆弹，装药2540g；外部直径为220mm的聚能引爆弹，装药为7830g，该型号穿透能力强，主要用于处理被土壤、雪或水覆盖较深的大型炸弹、航弹等未爆弹，能够引爆埋藏于地下2m，淹没于水下2.5m处的未爆弹，其技术指标如表7-8所列。

表7-8　SM-EOD130/190聚能引爆弹技术指标

外部直径/mm	198/220
长度/mm	241/297
总质量（带三脚架）/g	6790/14100
炸药	PBXB-6
炸药质量/g	130/2540，190/7830
药形罩材料	铜
壳体	塑料
包装	每箱含4系统三脚架、SM-EOD130/190各16枚

4）聚能引爆弹销毁未爆弹的优势

（1）提高处理效率。传统的弹药销毁方法，主要采用立式装坑、辐射式装坑和梯形装坑等装坑爆破法。装坑爆破作业准备时间长，人员搬运、堆码、安放炸药包，炸药包捆扎凭经验确定，药包药量、体积、形状等不统一，炸药用量较大，一致性差，爆破效果差。

（2）降低劳动强度和减轻心理压力。传统的弹药销毁方法，器材准备烦琐，作业劳动强度大、效率低，作业过程中触及未爆弹，对作业人员构成极大的心理压力。采用聚能引爆装置，可非接触销毁未爆弹，能够降低人员的心理压力，使弹药销毁技术不再是烦琐困难危险的事情，实现了安全、快捷、彻底、低成本销毁未爆弹的要求。

第8章 安全防护技术

报废弹药处理是一项技术性强、危险性非常高的工作。其安全问题不仅关系到报废弹药处理的正常、顺利开展,关系到人员和设施设备的安危,而且影响部队建设和社会的稳定,所以安全是报废弹药处理的生命线。因此在弹药销毁过程中需要开展安全防护的研究,以确保弹药销毁的安全有序进行。

8.1 电磁防护

1. 杂散电流引起的早爆及其预防

杂散电流也叫漏电流,存在于电气网路之外(如大地、风水管、矿体和其他金属的杂乱无章的电流)。当它大于雷管的最小起爆电流时,就容易引起早爆事故,因此必须采用防杂散电流的电爆网路,即在电雷管与爆破线连接的地方,接入一个降低电压的元件,如氖灯、电容、二极管、互感器、继电器、非线性电阻等,在低电压时可阻止交流电或直流电通过,在高电压时可瞬间通过较大电流而起爆雷管。同时,当采用电起爆法销毁弹药时,应采用抗杂电雷管或电起爆技术,并加强爆破线路的绝缘性。

2. 静电早爆事故及其预防

静电可引起电雷管早爆、火炸药激发点火燃烧爆炸。为防止静电引起早爆事故,需采取下列技术措施:采用抗静电电雷管或非电起爆网路;采用防静电工艺,在弹药销毁的各个环节都要采取接地措施以防止静电聚集;加强操作员的防静电防护,需穿戴半导体胶靴,而非化纤服。

3. 雷电引起早爆事故及其预防

在进行弹药销毁过程中,均应避免在雷雨天气或雷电易发区域进行。防止雷电引起爆炸事故的措施主要有:采用屏蔽线连接爆破网路;在爆区设立避雷针系统或防雷消散塔;缩短爆破作业时间,特别是从连接到起爆的时间,争取在雷电来临之前起爆;采用非电起爆技术起爆。

4. 射频引起早爆事故及其预防

电雷管起爆网路会在射频场内感应、吸收电能,如果这种电能超过安全允许值,就可引起电雷管早爆和误爆事故。为防止射频引起早爆,应采取下列预防措施:查明引爆区附近是否有射频源,如电视台、广播电台、雷达、发报机等。固定的销毁场地应与射频源保持一定的安全距离,如表8-1所列;采用屏蔽线爆破;电雷管在射频源附近运输、储存时,脚线应折叠或绕成卷并装在金属箱内;采用非电起爆系统,能有效地防止射频电的危害。

表8-1 固定销毁场地与射频源间的安全距离

发射功率/W	4~20	20~99	100~249	250~999	1000~4999	5000~50000
安全距离/m	30	60	150	300	600	1500

8.2 易燃易爆粉尘控制

为了有效控制生产场地的易燃易爆粉尘浓度,美国、法国等国新开发了一种经济实惠的控制易燃易爆粉尘浓度的方法——水雾抑爆技术。水雾抑爆技术是国外近年来广泛研究的一种抑爆控制技术,具有灵敏度高、对人员安全、经济性好等优点。据俄罗斯研究人员声称,水雾抑爆技术能抑制90%的凝聚相爆炸超压;美国海军已将水雾抑爆技术成功用于舰船灭火,目前正在尝试用该技术降低火炸药生产场所的爆炸概率,现已完成了一系列大尺寸试验。试验结果表明:浓度为$80mg/m^3$、粒径为$50\mu m$的水雾,其抑制效果较为理想;液滴在爆炸前端附近破裂将使能量吸收效果提高100倍以上,同时能对冲击波与热量前端之间的气体进行冷却。

8.3 防冲击波破坏

在降低冲击波危害方面,美国采取的是以修筑或改进防爆工事为主,以冲击波抑制屏为辅的模式,利用防爆工事提高大面积厂房的抗冲击能力,通过抑制屏将小型爆炸冲击波危害降到最小。美国研制的一种抑制局部区域爆炸冲击波的抑制屏,可以将某些危险区域整个包围在抑制屏内,在减弱爆炸冲击波的同时,控制了爆炸碎片和火球的扩散。美国国防部炸药安全局批准的可适用于火炸药生产的抑制屏共有四类:第3类、第4类、第5类和第6类。其中,第3类抑制屏可控制16.6kg彭托利特炸药(相当于18.7kg TNT)爆炸产生的危险,爆炸冲击波和碎片屏蔽率达到70%~92%,主要用于爆炸压力高(1.4~3.5MPa)、碎片适当的场合;第4类抑制屏可抑制4kg50/50彭托利特炸药爆炸产生的冲击波;第5类抑制屏可抑制0.84kgC-4炸药爆炸产生的冲击波或13.62kg烟火剂燃烧所产生的火球,适用于发射药、烟火药、点火药浆料混合操作等爆炸压力较低(0.35MPa)、碎片危害轻微的场合;第6类抑制屏主要用于起爆药的生产和装药车间少量炸药的安全运送,适用于爆炸时冲击波压力很高(3.5~13.8MPa)、碎片危害轻微的场合。

8.4 防火与消防

为了迅速消除火灾隐患,国外火炸药生产企业主要采用由灵敏度很高的探测器以及快速驱动的安全水系统组成的高速或超高速雨淋灭火系统。美国超高速灭火技术研究走在世界前列,设在廷德尔空军基地的美国空军研究实验室灭火研究小组对弹药、火工品生产、储存、处理设施超高速灭火系统进行了长期研究,其研发的先进雨淋灭火系统(AFPDS)响应非常快速,总响应时间是6~8ms(4~6ms探测时间和2ms启动时间),远短于水箱以约52m/s的速度喷射到火焰上,而探测器的响应速度要比《国家防火协会标准151》中要求的100ms高出许多,目前已安装在海军、陆军的多条火炸药生产线上;经改进和采用一种新型晶体管电路照相火焰监测器将探测时间从4~6ms缩短到不足1ms。便携式喷水灭火系统采用多个光学火灾探测器、多个喷嘴和加压水箱(至少含有440L水),响应时间小于100ms,特别适用于短时间火炸药生产的安全防护;加压球形雨淋系统采用多个光学火灾探测器及至少一个安装有保险片和内爆装置的高压水球(通常为10~30L),响应时间不超过100ms,特别适用于少量含能材料的灭火作业。目前又在评估超高速防爆系统和多频谱(紫外、红外)探测器集成系统,旨在开发可替代AFPDS的理想高速灭火系统。

美国FikeoR公司的超高速爆炸防护系统集多波段探测和高速喷淋系统于一身,是先进雨淋灭火系统的理想替代系统。2006年,美国空军研究实验室灭火小组对FikeoR公司的超高速爆炸防护系统进行了评估。该系统用于防护火工品、火工药剂和推进剂快速燃烧造成的危险。超高速爆炸防护系统集成了紫外、红外多波段探测器,以及TMSS2-AM"防火卫士"超高速火焰探测器。其高速喷淋储水容器的容积有10L、30L和50L三种,控制器与高速喷淋储水容器的响应时间的变化范围为2.1~2.9ms,平均响应时间为2.5ms,与先进雨淋灭火系统的相近。自水流离开喷淋器的喷口后算起,到火焰被扑灭为止,该系统扑灭0.113kg的M6推进剂火焰平均耗时为13ms。经验证,超高速爆炸防护系统完全满足美国空军对于高速灭火系统的要求,可有效扑灭快速燃烧的火工品、火工药剂和推进剂的燃烧火焰。在扑灭M206火工药剂的试验中,该系统可以在探测到火焰后2~3m内释放灭火剂,并在35ms内将火焰扑灭。

8.5　人员穿戴防护

人员穿戴防护装备是为作业人员提供最后一道安全防护的技术装备,也是重要的辅助防护措施,国外对此有大量研究。这些装备主要包括防护服和其他防护装备。在作业人员防护中,配置最低的为棉袜、鞋底可导电的鞋、阻燃工作服、头罩。当作业人员暴露在火工药剂量较大的环境中时,应穿戴的防护装备包括带头罩和面罩的铝制热防护服、铝制热防护工作裤、铝制热防护手套或类似装备。国外火工品操作规程中,往往明确规定在何种场合穿戴何种防护级别的防护装备。防护装备的设计尤其注意头罩和防护服的结合部的可靠性,因为该部位容易被火焰或高温气体渗透,从而伤害到作业人员的面部、头部和颈部。另外,为了防御突发事故产生的火球的危害,还需要佩戴可保护喉部和肺部的自动呼吸机和人工呼吸面罩。

8.6　露天炸毁防护

尽管随着露天焚烧/露天爆轰技术的发展,污染物监控、噪声控制、残余物回收再利用等方面取得了长足发展,但这种销毁技术本身固有的缺陷仍然存在,即无法控制或抑制反应过程,从而伴随产生有爆炸或燃烧等次效应,如爆炸产生的冲击振动、飞石、爆炸有毒气体等危害。因此,在露天焚烧、露天爆轰弹药的过程中,必须充分重视安全防护工作,采取足够和有效的安全措施。

1. 爆破地震效应及控制措施

爆破地震效应是在大规模引爆销毁弹药时产生的,通常会造成接近地面以及地面上物体产生颠簸和摇晃。为预防爆破地震效应,一般需严格限制一次待销毁的弹药量;在被保护的建(构)筑物设施与销毁弹药场地之间开挖防震沟是有效的隔震措施。

2. 爆炸冲击波及控制措施

弹药在空气中引爆,爆炸气体产物压力和温度局部上升,高压气体在向四周迅速膨胀的同时,急剧压缩和冲击药包周围空气,使被压缩空气压力急增,形成以超声速传播的空气冲击波。这种爆炸冲击波由于具有比自由空气高得多的压力(超压),会造成附近建(构)筑物的破坏和人体器官的损伤。为预防爆炸冲击破,通常需减少一次销毁的药量;尽量选择较开阔场地,并远离人群聚集地和结构厂房;可选择在废弃洞室、掩体内进行引爆销毁;人工挖坑进行掩埋销毁。

3. 爆破噪声及控制措施

爆破噪声是爆破空气冲击波衰减后继续传播的声波,是由各种不同频率、不同强度的声音无规律地组合在一起所形成的杂音。为预防爆破噪声,宜采用以下措施控制噪声污染:尽量不用导爆索网路,在地表空间不得有裸露导爆索或雷管,不能避免时应覆盖土或水袋;尽量不用外部药包裸露引爆;严格控制单位耗药量、单孔药量和一次起爆药量;实施毫秒延时爆破,在设计起爆顺序时,必须注意防止在保护对象所在地噪声叠加的可能性;必须用外部药包爆破时,可综合应用控制药量、覆盖药包、分散布药、分段起爆等措施,将强噪声分解为若干个弱噪声,以此降低噪声污染。

4. 爆炸飞散物及控制措施

在露天焚烧/露天爆轰弹药的工作中,会产生爆炸飞散物。对于掩埋在坑内的弹药销毁而言,除上述飞散物外,还会产生大量土石飞散。在露天焚烧/露天爆轰销毁弹药时,除严格爆破设计、核算安全距离、确定警戒区域外,严格控制爆破飞散物的措施主要有:尽量选择深埋覆盖法;做好引爆对象的覆盖和保护措施;对危险性高、无法转移运输,只能进行现场引爆销毁的弹药,可采取小药量引爆,初步解决其危险性;应在防护对象与销毁的弹药之间设置防护挡墙,从而起到防冲击波和爆炸飞散物的作用。

5. 爆破有害气体及控制措施

弹药销毁工作中会产生有毒气体,主要有一氧化碳和氧化氮,还有少量的硫化氢和一氧化硫。为控制这些有毒气体,应采取以下措施:增大起爆能,选用感度适中、威力较大的炸药作为起爆药包,这对感度较低的炸药(如铵油类、不含TNT 或含 TNT 较少的硝铵类炸药等)尤为重要;选定合理装填形式,在装药前必须将药孔内积水及岩粉吹干净,并且确定装药密度、起爆药包的位置、药包包装材料、填塞物种类、堵塞质量等,对有毒气体的产生都有一定影响;加强对场地通风与洒水驱烟,防止人员中毒;应当考虑燃烧或引爆弹药当天的风向和地形条件,尽量避免设在下风方向。若必须在有害气体影响范围内工作时,应采取有效的个人防护措施。

8.7 防爆罐防护

防爆罐主要适用于火车站、地铁、法院、博物馆、体育馆、会展中心、机场、海关、港口、使馆等防爆场所,主要是确保人员的安全,维护场所秩序,一般在安检通道处配备了专用防爆罐,以防不法分子携带爆炸品危害乘客人身安全。

防爆罐(桶形)是一种用于盛放爆炸装置的器材,并可以弱化爆炸装置的爆炸威力达到保护人员和财物的目的,如图8-1所示。室内使用,要求空间高度6m以上。它由三重结构、四种抗爆材料组合而成,外包不锈钢。上有抗爆盖。三重结构为外罐、花罐、填充层(使用年限需5年进行更换);四种抗爆材料为特种抗爆、抗老化、耐火抗爆胶、特制蓬松层。耐火材料为PVC片、特制钢板。组件为防爆盖一件、罐一件、牵引钩绳一根。

图8-1 防爆罐(桶形)

防爆罐(球形)是在球体的下方安装有四个脚轮,可在平坦的地面推移,特别适合安放在人群积聚的机场、车站、各种场馆等公共场所临时储存爆炸物品。

球形防爆罐是密封式的容器,经过大量的试验证明具有极强的抗爆能力,爆炸物品即使在罐内爆炸,所产生的冲击波和碎片被阻隔在球内,对周围的人员和环境会起到很好的保护作用,有效地防止爆炸事件的发生。

车载防爆罐主要适合公安、武警等部门使用,如图8-2所示。它独到的优点是:机动性强,适合于各类大型活动和重要警卫场所使用,并可及时地将发现的爆炸装置运往安全地区,以便对其进行妥善处置。它还比普通防爆罐抗爆性能强。因此,它是公安、武警部门首选的排爆装备。

其结构特点:在防爆罐与车体间有三项缓冲装置,有利于在运输过程中防止爆炸,危害马路两侧建筑物等的安全,并在牵引车与防爆罐之间,设有三种材料合成的厚防爆挡板,可较好地保护牵引车辆和司机工作人员的安全。为了有利于拖拉过程的安全,配备了耐压轮胎。整体均采用不锈钢、铝合金和镀铬材料,使其外观精美,又可防生锈。

图 8-2 车载防爆罐

目前主要采用的防爆罐有 FBT-G1-LA202 型防爆罐、AD-FB01 型防爆罐等。

FBT-G1-LA202 型防爆罐按照 GA 871—2010《防爆罐》标准研制生产,采用高强度、耐冲击锰钢板制造而成,排爆性能优越,排爆罐内稳定放置锥形布袋,底部带有万向轮,便于运输、转移,能有效防止罐内爆炸后产生的冲击波和碎片水平扩散,从而避免对周围人员的伤害,以及对贵重仪器、文物档案和特殊公共场所的损坏,如图 8-3 所示,主要技术指标如表 8-1 所列。

图 8-3 FBT-G1-LA202 型防爆罐

表 8-1 FBT-G1-LA202 型防爆罐主要技术指标

外罐直径/mm	外罐高度/mm	内罐直径/mm	内罐深度/mm	质量/kg
580	650	450	570	220

防爆罐结构:8mm 厚钢板+吸能缓冲层+8mm 厚钢板,罐底结构为:8mm 厚钢板+吸能缓冲层+8mm 厚钢板+8mm 后加强筋,并符合 GB 700—1988《碳素结构》标准中所采用的碳素钢板有关要求。

防爆能力:能抵御 1.5kgTNT 的爆炸能量并能容纳所有横向爆炸破片,外罐罐体完整,无裂纹,罐体无掉块。

AD-FB01 型防爆罐采用高强度、耐冲击碳素钢板制造而成。其排爆性能优越,排爆罐内有稳定放置爆炸物网袋,底部带有万向轮,便于转移、运输,能有效防止罐内爆炸物爆炸后产生的冲击波和碎片水平扩散,从而避免对周围人员的伤害,以及对贵重仪器、文物档案和特殊公共场所的损坏,如图 8-4 所示,主要技术指标如表 8-2 所列。

图 8-4　AD-FB01 型防爆罐

表 8-2　AD-FB01 型防爆罐主要技术指标

外罐直径/mm	罐高度/mm	质量/kg
630	750	297

防爆罐材质:内、外层采用 16mm 高强度、耐冲击碳素钢板,并符合 GB 700—1988 标准中所采用的碳素钢板有关要求。

防爆能力:能抵御 1.5kg TNT 炸药的爆炸能量,并能容纳所有横向爆炸破片,外罐罐体完整,无裂纹,罐体附件无脱落。

8.8　填充式防护结构

最基本的被动防护结构形式是由美国人 Whipple 教授于 1947 年提出的,称为 Whipple 防护结构,这种防护结构以及由其改进的防护结构较多地用于对航天器舱壁的防护中。Whipple 防护结构的基本方案是在距舱壁一定距离处设置一层防护屏,基本原理是:当空间碎片与防护屏进行超高速撞击后,防护屏使之破碎、熔化甚至汽化,进而形成碎片云。防护屏与壁外表面之间的距离允许碎片云的膨胀和扩散,从而空间碎片由原来对舱壁的超高速撞击点载荷变成了一定面积的分布载荷,最大限度地降低和分散空间碎片的撞击动能,从而达到减轻其对壁的撞击破坏的作用。Whipple 防护结构示意图如图 8-5 所示。

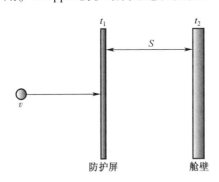

图 8-5 Whipple 防护结构示意图

在 Whipple 防护结构提出之后,世界各国也相继针对空间碎片超高速撞击和被动防护等方面做了大量的研究工作,尤其是美国和俄罗斯的研究较为系统和全面。

Schonberg 于 1990 年提出波纹防护结构,其防护方案是将 Whipple 防护结构最外层的防护屏改进为等重量的波纹型防护屏。研究表明,与 Whipple 防护结构试验相比,波纹防护结构的舱壁损伤明显降低,防护效果增长明显。同年,Christiansen 提出网格双防护屏结构,其基本方案是由三层防护层组成。第一层是铝合金丝网材料,第二层为 Whipple 防护结构的防护屏材料,第三层是高强度纤维布。研究表明,具有很好的吸收能量和高强度重量比的能力。

Waker 和 McGill 于 1992 年提出将 Whipple 结构中的金属防护屏改进为复合材料层合板,试验研究表明,此种防护结构形式充分发挥了复合材料层合板吸收撞击动能的作用,防护效果优于 Whipple 防护结构。Maclay 于 1993 年提出了加强筋 Whipple 防护结构,其基本防护方案是将原防护屏加工成特定的加强筋。研究表明,较高的加强筋、较薄的基础板和较小的加强筋间距,防护效果较优。Cour-Palais 和 Crews 提出多层冲击防护结构。其基本结构方案是在舱壁前面布置多层有一定间隔的防护屏,防护屏采用 Nextel 高强纤维布。试验结果表明,多层冲击防护结构对比 Whipple 防护结构,同等防护性能条件下减轻防护结构重量达到50%。

网格双防护屏防护方案的防护结构共由三层防护屏组成。第一层为铝合金网格,第二层为原 Whipple 防护的防护屏,第三层为高强度纤维层。金属网格防护屏提供了一个将弹丸破碎成更小碎片的有效方法。第二层防护屏对通过网格的弹丸碎片进一步撞击,使弹丸碎片熔化或汽化。中间纤维层用于挡住或减速任何残留的固体碎片,防止其接触试件,减少了试件的冲量载荷。

Christiansen 于 1995 年提出填充式防护结构,其基本方案是在 Whipple 防护结构的防护屏和舱壁中间,加入由 Nextel 高强纤维布和 Kevlar 纤维布组成的填充层。其中 Nextel 高强纤维布能够最大程度地破碎弹丸并进行拦截,Kevlar 纤维能够有效地拦截碎片云。改进的 Whipple 防护结构如图 8-6 所示。

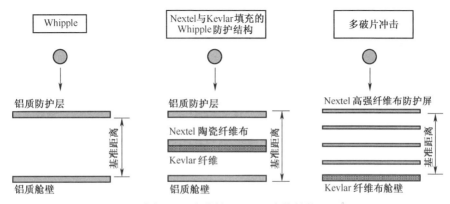

图 8-6 改进的 Whipple 防护结构

目前,世界各国已采用的防护结构中,铝合金、铝网、铝蜂窝板、Nextel 高强纤维布、Kevlar 高强纤维编织材料、Beta 纤维布等防护性能较好的材料得到了广泛应用。

铝合金是常用的防护材料,多被用作舱壁材料,薄的铝合金板也常用作防护屏用以破碎弹丸。除了薄的铝合金板,铝网也常安装在防护结构的最外层用作防护屏。此外,防护结构的设计也常采用铝蜂窝板,对于超高速正撞击,铝蜂窝板能够有效地限制碎片云的扩展,对于斜撞击则能够有效地将超高速撞击的能量分散在后板较大的区域内,都能够将空间碎片超高速撞击带来的损伤控制在较小的范围内,具有很好的防护效果。

Nextel 高强纤维布是一种陶瓷纤维编织布,其高模量的特性能够在高速撞击下,向入射的弹丸中传播很强的冲击波,从而使其破碎成细小的碎片,自身则产生大量的细小纤维,大大减轻了对舱壁的破坏。Kevlar 高强纤维编织材料是一种芳族聚酰胺纤维编织布。Kevlar 高强度的特性,能够使之有效地对细小粒子进行拦截。

  哈尔滨工业大学管公顺、贾斌等针对多种材料开展了超高速撞击试验研究,包括铝合金单板、铝网、泡沫金属、玄武岩纤维编织布等,初步获得了上述材料的多种撞击损伤特性。哈跃对玄武岩纤维编织布的超高速撞击性能做了系统的研究,初步研究表明玄武岩纤维编织布可以替代Nextel高强纤维布作为防护材料。中科院力学所戴兰宏等提出将一种新型金属玻璃梯度复合材料替代Whipple防护结构的前板防护屏,研究表明,使用该材料作为防护屏能很大程度上提高防护结构的防护性能。中国空间技术研究院总体部的闫军等对填充式防护结构进行了超高速撞击特性研究,分别使用Kevlar、玄武岩、SiC、PBO等七种纤维材料作为填充层材料,初步得出了这些材料的撞击损伤特性。

参 考 文 献

[1] 总装备部通用装备保障部. 国外报废弹药处理[M]. 北京:解放军出版社,2004.

[2] 李金明,雷彬,丁玉奎. 通用弹药销毁处理技术[M]. 北京:国防工业出版社,2012.

[3] 任国光. 反未爆弹和简易爆炸装置的激光武器[J]. 激光与红外,2009,39(3):233-238.

[4] 李伟,赵勇,陈曦,等. 大功率光纤激光器在销毁弹药中的应用[J]. 激光与光电子学进展,2008,45(7):39-42.

[5] 卢晓江,何迎春,赖维. 高压水射流清洗技术及应用[M]. 北京:化学工业出版社,2006.

[6] 薛胜雄. 高压水射流技术与应用[M]. 北京:机械工业出版社,1998.

[7] 崔谟慎,孙家骏. 高压水射流技术[M]. 北京:煤炭工业出版社,1993.

[8] 戴祯蓂. 弹药修理与废弹药处理[M]. 北京:国防工业出版社,1992.

[9] 张志刚. 飞秒激光技术[M]. 北京:科学出版社,2011.

[10] 王清月. 飞秒激光在前沿技术中的应用[M]. 北京:国防工业出版社,2017.

[11] 娄建武,龙源,谢兴博,等. 废弃火炸药和常规弹药的处置与销毁技术[M]. 北京:国防工业出版社,2007.

[12] 克里斯托弗·厄尔斯·布伦南. 空化与空泡动力学[M]. 王勇,潘中永,译. 镇江:江苏大学出版社,2013.

[13] 吴玉林. 水力机械空化和固液两相流体动力学[M]. 北京:中国水利水电出版社,2007.

[14] 李淑芬,张敏华. 超临界流体技术及应用[M]. 北京:化学工业出版社,2014.

[15] 陈维枢. 超临界流体萃取的原理和应用[M]. 北京:化学工业出版社,1998.

[16] 富巍,刘美俊. 排爆机器人的研究与开发[M]. 北京:电子工业出版社,2010.

[17] 朱益军. 安检与排爆[M]. 北京:群众出版社,2004.

[18] 陈明华,卢斌,李东阳,等. 飞秒激光对Mg/PTFE药剂烧蚀加工过程安全性分析[J]. 激光与红外,2007,37(3):214-216.

[19] 陈明华,高敏,张国安,等. 飞秒激光对发射药切割过程的热分析[J]. 光电技术应用,2007,21(4):4-7.

[20] 陈明华,卢斌,李成国,等. 飞秒激光在含能材料加工中的应用[J]. 火工品,2005,4:42-45.

[21] 常文平,杜仕国,江劲勇,等. 国外废弃含能材料非含能化处理技术的现状[J]. 河北化工,2010,11(33):26-28.

[22] 常文平,杜仕国,江劲勇,等. 国外废弃火炸药资源化利用研究现状[J]. 山西化工,2010,6(30):23-26.

[23] 贾晓彪,江劲勇,路桂娥,等. 火药复合焊条焊接接头的微观组织及性能[J]. 军械工程学院学报,2014,4(26):26-29.

[24] 常文平,江劲勇,杜仕国. 火药复合焊条及应用[J]. 铸造技术,2011,10(32):1425-1427.